カツオ出汁を食品科学的においしくするための研究

―カツオ出汁の酸味に着目して―

京都大学大学院
食品生物科学専攻出身
Tyu-gen

東京図書出版

はじめに

昨今、食品素材から出汁をとることは、主流の調理方法とは言えないのかもしれません。かくいう筆者も、つい最近まで、出汁をとったことはありませんでした。

なぜ、筆者が出汁をとるようになったのかというと、「味わい深かったから」です。食品としての味わい深さは言うまでもありませんが、よく考えてみると、知的対象としても味わい深かったのです。

筆者は、知的対象としての出汁の味わい深さをみなさまに紹介するために、本書を作成しました。カツオ出汁の酸味に着目して、これの理論的な説明を試みたり、最終的には、おいしいお味噌汁の作り方の提案を試みたりしています。

これをもって、「衰微しつつある出汁文化の再興の一助になれば幸いです」などという、高尚なことを言うつもりはありません。実際に出汁をとるという実践につながらなくてもよいのです。ただ、「出汁って面白いね」ということが伝わればいいなと願っています。

なお、本書では内容の紹介を、次頁のとおり、「理愛（りあ）」というキャラクターにお願いしています。表現が若干つたないところもあるかと思いますが、彼女のお話を聞いていただければ幸いです。

「My Kenon Tyu-gen のサイト」管理者 Tyu-gen

はじめまして。理愛です。これから、「カツオ出汁を食品科学的においしくするための研究」を、みなさまにご紹介します。少し長いタイトルですね。どうぞよろしくお願いします。

まずは、簡単に自己紹介をします。わたしは、理系の大学で「食品科学」を勉強している大学生です。「食品科学」というと、硬い印象を受けるかもしれませんが、これは、食品がどのようなものなのか、身体にどんな影響を与えるのかを、もっとくわしく理解しようとする研究の領域のことなんですよ。

「世界を変革しよう！」とか「真理を追究しよう！」といったことは、わたしにとっては大それたことで、想像もできませんでした。でも、毎日食べている食品のことは、大切で、もっとくわしく知りたいなぁと自然と思えたので、食品科学を勉強しようと思ったのです。みなさまにもその面白さが少しでも伝われば、とても嬉しいなって思います。

そうそう。わたしの名前ですが、読んでのとおり、「理（ことわり）を愛する」ように、とのことで命名されたみたいです。理系女子ですよね。でも、実は、他の意味も込められているみたいです。わたしの名付け親は、肝臓に毒性がでるのではないかというくらいに、お茶を飲むことが大好きなこともあって、チャノキのラテン名（Camellia sinensis）のカメリアからも取ったと言っていました。

……「科女（カメ）」のように、もっと直接的に理系女子っぽい名前がつけられていなくて、少しほっとしています。

目 次

はじめに ……… 1

Ⅰ　本研究について ……… 7

Ⅰ-1　本研究で明らかにしたいこと ……… 9

Ⅰ-1-1　本研究の課題 ……… 9

Ⅰ-1-2　本研究のやりかた ……… 10

Ⅰ-2　本研究の紹介のしかた ……… 12

Ⅰ-2-1　それぞれの課題に対するアプローチのしかた ……… 12

Ⅰ-2-2　本研究で明らかにしたことの応用のしかた ……… 13

Ⅰ-2-3　専門的な内容の取り扱いかた ……… 13

Ⅱ　内　容 ……… 15

Ⅱ-1　課題1　カツオ節で出汁をとると、なぜ酸っぱくなるのでしょうか？ ……… 17

Ⅱ-2　課題2　カツオ節で出汁をとりすぎると、なぜ旨味が弱くなるのでしょうか？ ……… 46

Ⅱ-3　課題3　カツオ出汁をおいしくするには、どうしたらよいでしょうか？ ……… 62

Ⅲ　調理法の提案 …… 71

Ⅲ-1　お味噌汁の作り方 …… 73

Ⅲ-1-1　材料 …… 73

Ⅲ-1-2　手順 …… 76

Ⅳ　補足したいこと …… 79

おわりに …… 103

あとがき …… 105

本研究について

ここでは、本研究で明らかにしたいことや、本研究の紹介のしかたなどをご紹介します。はじめにここから目をとおしてくださると、本書が読みやすくなると思います。

Ⅰ-1　本研究で明らかにしたいこと

Ⅰ-1-1　本研究の課題

本書のタイトルは、「カツオ出汁を食品科学的においしくするための研究」です。タイトルから「カツオ出汁をおいしくするための研究なんだね」ということはわかりますが、もうちょっと具体的に言いますと、「次の３つの課題に答えるぞー」という主旨の研究です。カツオ出汁の酸味や旨味といった、味に着目した研究と言えそうですね。

●課題１
カツオ節で出汁をとると、なぜ酸っぱくなるのでしょうか？
●課題２
カツオ節で出汁をとりすぎると、なぜ旨味が弱くなるのでしょうか？
●課題３
カツオ出汁をおいしくするには、どうしたらよいでしょうか？

すこし補足をします。課題１については、みなさん経験がある（あります？）と思いますが、カツオ出汁って酸っぱいです。それはなぜなのかを探求します。課題２については、あまりみなさんが経験していることではないかもしれないですが、コンブで出汁をとった後にカツオ節を入れて煮出しすぎると、旨味が弱くなるように感じられます（ふつうはコンブとカツオ節で出汁をとると、旨味がぐっと強くなると言われているのですが……)。「酸味が強くなるから」というのもあるのかもしれませんが、ここでは、旨味そのものに着目してそれはなぜなのかを探求します。課題３については、課題２の探求の結果から、カツオ節を入れた出汁をおいしくするにはどうしたらよいのかを考えます。研究施設にありそうなものを使っておいしくするのではなく、ふつうの台所にありそうなものを使っておいしくしたいと考えています。

I-1-2　本研究のやりかた

研究は、そのやりかたによって、大きく２つに分けられます。「実験による研究」と「理論による研究」です。

「実験による研究」では、試験管とかフラスコなどの器具を使いながら、実際に起こっていることを、いろいろな「ものさし」を使って測定し、把握して、その理解を積み上げます。
「理論による研究」では、文献に載っているデータなどの情報を使いながら、実際に起こっているであろうことを、数学的な理論を使って推測し、解釈して、その理解を積み上げます。

きっとみなさんが、「科学者」とか「研究」といった言葉から連想するイメージは、「実験による研究」の方ではないかと思います。でも、本研究は「実験による研究」ではなくて、「理論による研究」を採用しています。

どうして「理論による研究」なのかと言いますと、すこし消極的な理由もあるみたいです。「実験による研究」をするためには、いろいろな設備が必要です。わたしの名付け親は、「余はpHメータを欲して生きてきた！」とか、ちょっと風変わりなことを言っているのですが、どうやら実験に必要な「ものさし」の値段が高くて買えないみたいなのです。これが、「理論による研究」を採用した（というより、せざるをえなかった？）いきさつです。

でも、「理論による研究」は、「実験による研究」と比べて、劣っているというわけではないのです。実際に起こっていることが、どうして起こっているのか、そのメカニズムを解析したり、それをシステマチックに把握したりするときには、「理論による研究」の方が優れています。本研究の課題を眺める限りですと、どちらかといえば、「理論による研究」の方がよいのかもしれませんね。

余談ですけれど、実際のところ、「実験による研究」と「理論による研究」は、それぞれがそれぞれを補い合う関係にあって、実験のない理論は砂上の楼閣、理論のない実験は五里霧中になりがち、というように聞いています。「情報をよくあつめてじっくり考えましょう。よくわからないところは、実際に確かめてみましょう」ということが大切ということですね（これは、研究だけではなくて、生活のいろいろなところで言えることなのかもしれないです）。

Ⅰ-2　本研究の紹介のしかた

Ⅰ-2-1　それぞれの課題に対するアプローチのしかた

「３つの課題に答えるぞー」（Ⅰ-1-1参照です）ということでしたが、何かの課題に答えるということは、課題を山頂と見立てた、登山みたいなものだと思います。

いきなり山頂を目指してもよいのですが、難しい山だと、技術や力が必要なので、技術や力が足りない人にとっては、「無理です。やめておきます」ということになってしまいます（わたしは力がないので、クライミングが必要な登山は無理です。やめておきます）。

なので、できるかぎりいろいろな人が山頂に行けるようにするためには、登山道を整備したり、休憩所や宿泊施設を設置したりして、少しずつ、無理なく歩みを進められるようにしておくことが大切です。

そういったわけで、いきなり課題に答えようとして「無理です。やめておきます」ということにはしたくないので、それぞれの課題に対するアプローチのしかたとしましては、課題という山頂に行くための、小さな問いと答えを積み上げながら、少しずつ、無理なく歩みを進めていくという方法を採用します。くわしくは、「Ⅱ　内容」をご覧ください。

ちなみに、それぞれの課題の一番最後の問いが、課題に対するまとめの問いです。いきなり山頂に登っても平気という方は、そちらをご覧ください（ひょっとして、ヘリコプターを使って山頂に行きたいですか。……そうですか）。

Ⅰ-2-2　本研究で明らかにしたことの応用のしかた

最近、「大学などの研究機関は研究成果を社会に還元して、社会の役に立つべきなんだー」ということを耳にします。
「そうなんだー」とも「そうなのかー」とも思います。きっと、研究成果が社会の役に立つということだけが、社会への還元の仕方なのではなくて、研究成果がどう「すごい」のか、その「すごさ」が普通に生活している方にもわかりやすく伝わるようにすることが、まずは大切なことなのではないかなとわたしは思います。

ここでは、カツオ出汁に関する研究をしているので、「調理法の提案」をしたいです。「調理法の提案」なんて言うと、少し大げさな感じがしますが、ここでは、「カツオ出汁を使ったお味噌汁の作り方のレシピを紹介しますよー」ということです。たぶん、社会の役には立たないかもしれませんが（家庭の役には立つかな？）、くわしくは「Ⅲ　調理法の提案」をご覧ください。

ちなみに、わたしの名付け親は、このレシピでお味噌汁を作っていて、味見の度に「まさに玄妙。あな微妙(めでた)し」などとつぶやいています。なんか古風な言葉づかいですが、とてもおいしいみたいです。

Ⅰ-2-3　専門的な内容の取り扱いかた

また、登山のたとえ話から入りたいと思います。上手に山に登るためには、道具を使うことが大切です。でも、登山をするときに、その道具がどのような専門理論や技術によって作られているのかを探求しても、山頂に着くわけではありません。その道具をうまく使うことができれば、山頂に着きやすくなるはずです。

このたとえ話を、この研究の紹介の文脈にそって言いかえてみますね。課題に的確に答えるためには、専門知という少し特殊な道具を使うことが大切です。でも、その道具がどのような科学理論に裏打ちされているのかを探求しても、課題に答えられるわけではありません。その道具をうまく使うことが出来れば、課題に的確に答えられるはずです。

なので、ここでは、課題に答えるために専門知を用いることはありますが、それに深入りをすることはせず、紹介を進めていきたいと考えています。

でも、わたしの紹介には、ちゃんと科学的に裏打ちがあることをお伝えしておきたいです。また、ひょっとしたら、専門的な内容にご関心のある方もいらっしゃるかもしれません。そこで、深入りしなかった専門的な内容については、「Ⅳ　補足したいこと」にまとめることにしました。もしも興味がありましたら、ご覧ください。

ちなみに、私の名付け親は、「補足したいことこそが、研究の中身としてはメインで、いちばん労力を割いているところなのだが」と言っていました。

きっと、研究をしている方が伝えたいことと、普通に生活している方が聞いてみたいことには、ちょっとした食いちがいがあるのです。「研究成果を社会に還元するぞー」と意気込んで、研究をしている方ご自身が「これが私の言いたいことを正確に表現したものだ」という具合に納得できるような内容で、研究成果を伝えようとしても、それはときに、空回りになってしてしまうことがあるのかもしれませんね。

II

内　容

ここでは、カツオ出汁の味に着目した、３つの課題に答えます。

II-1　課題1

カツオ節で出汁をとると、なぜ酸っぱくなるのでしょうか？

この課題に答えるための小問は、次のとおりです。

		頁
問1	出汁が酸っぱいということは、化学的にはどのような状態なのでしょうか。	18
問2	カツオ節の出汁には、どのような成分が含まれていますか。	21
問3	カツオ節の出汁の酸味に関係しそうな成分の候補として、特に何を挙げることができますか。	24
問4	カツオ節の出汁の酸味に関係しそうな成分の候補は、カツオ節の中ではどのような形態で存在すると考えられますか。	28
問5	カツオ節1gから、カツオ節の出汁の酸味に関係しそうな成分の候補は、出汁の成分としてどれくらい溶け出していくと考えられますか。	33
問6	カツオ節を1Lの純水に入れて出汁をとる場合、入れたカツオ節の量と出汁のpHの関係は、理論上、どのようなものになると考えられますか。	35
問7	カツオ節の出汁のpHを低くするのに、最も大きく影響するカツオ節中の成分は、何であると考えられますか。	37
問8	課題1について、答えをまとめると、どのようになりますか。	45

問 1　出汁が酸っぱいということは、化学的にはどのような状態なのでしょうか。

【答】

出汁が酸っぱいということは、酸味を感じさせる成分が、出汁のなかに含まれているということです。

一般的には、水素イオン（H^+）が食品の酸味に関係していると言われています。たとえば、みなさまの台所にもある（あります？）食酢には、酢酸という物質が含まれていて、酢酸は、水の中で、次の反応によって水素イオンを放出することが知られています。

CH_3COOH	→	CH_3COO^-	＋	H^+
(酢酸)		(酢酸イオン)		(水素イオン)

食酢をなめて、「酸っぱいー」と感じるのは、この水素イオンが、舌にある味覚受容体に捉えられるからと考えられています。

そして、食品中の水素イオンの濃度が高いと、酸味は強くなります(食品に塩を入れていくと、しだいに塩辛くなるのと同じです)。

物質の酸としての強さの程度を、「pH」という指標で表すことがありますが、じつは、pH は水素イオン濃度の程度を言いかえたものです(コラム 1 参照)。水素イオン濃度が高いと、pH が低いという関係にあります。

なので、食品が酸っぱいということは、食品の水素イオン濃度が高いということであり、食品の pH が低いということでもあるのです。

少し長くなってしまいました。問いに対する答えをまとめますと、<u>出汁が酸っぱいということは、化学的には、出汁の pH が低い状態という</u>

ことです。そして、カツオ出汁は、他の出汁とくらべると、pH が低いみたいです（コラム２参照）。

コラム１　pH と水素イオン濃度の関係

pH と水素イオン濃度［H^+］の関係は、次の式で表されます。

$$pH = -\log[H^+] \qquad (式C1.1)$$

$$[H^+] = 10^{-pH} \qquad (式C1.2)$$

（ただし、対数は常用対数。水素イオン濃度の単位は［mol/L］です。なお、式 C1.1 と式 C1.2 は、同じことを言いかえたものです）

たとえば、水の pH は７なので、水の水素イオン濃度は10^{-7}［mol/L］です。また、胃液の pH は２程度なので、胃液の水素イオン濃度は10^{-2}［mol/L］程度です（式 C1.2 に pH の値を入れてみてください）。

このように、胃液の pH(2) は水の pH(7) よりも低いですが、胃液の水素イオン濃度（10^{-2}［mol/L］）は水の水素イオン濃度（10^{-7}［mol/L］）よりも高いということになります。「水素イオン濃度が高いと、pH が低い」というのは、こうした関係のことをいっています。

コラム２　いろいろな出汁の pH

せっかくなので、いろいろな出汁の pH について、おおまかな情報を整理してみました[1-2]。カツオ出汁って、他の出汁よりも、pH が低いみたいです。

表 C2.1 いろいろな出汁の pH

出汁の種類	pH
カツオ出汁	5.4－5.6程度
ニボシ出汁	6.4－6.5程度
コンブ出汁	6.1－6.6程度
シイタケ出汁	6.5程度

《この問いで参考にした文献》

［1］ 柴田圭子ら．2008．日本調理科学会誌，41(5)：304–312

［2］ 高岡素子．2008．浦上財団研究報告書，16：104–118

問２　カツオ節の出汁には、どのような成分が含まれていますか。

【答】

カツオ節の出汁には、いろいろな成分が入っているみたいで、大きく分けると主にアミノ酸、有機酸、核酸、無機物などが含まれているという報告があります[1-7]。せっかくなので、表2.1にまとめてみました。

ちなみに、カツオ節の種類や出汁のとり方によって、成分量にはかなり大きなばらつきがあると考えられます。なので、成分量の範囲は、報告されている値を参考にして、おおまかにとりました（「これが正しい値なんだー」と真に受けてはいけないです。参考程度の情報として、ながめてください）。

あと、成分量の単位が［mg/100 g カツオ節］となっていますが、これは、カツオ節100 g から、出汁にどれくらい成分が溶け出したのかということを意味しています。出汁100 g 中の成分量という意味ではありませんので、注意してください（出汁の単位重量あたりで成分量を見る場合、入れたカツオ節の量が多ければ当然、各成分量も多くなってしまいます。なので、カツオ節の単位重量あたりで成分量を見たほうが、都合が良いのです）。

カツオ節の出汁には、こんなにもいろいろな成分が含まれていることが報告されていますが、その全体像を明らかにした研究は、いまだになされていないのではないかと思います。

全体像を把握するような解析を、「網羅的解析」と言うそうなのですが、「カツオ節の出汁の成分を網羅的に解析した」という報告は、わたしの名付け親が調べた範囲では、見つけられなかったそうです。

ひょっとしたら、まだ知られていない成分が、出汁の中には含まれているかもしれませんね。

表2.1　カツオ節から出汁に溶け出した成分（アミノ酸）

アミノ酸名	成分量［mg/100 g カツオ節］
アラニン	50－100
アルギニン	1－10
アスパラギン酸	1－20
グルタミン酸	20－50
グリシン	20－100
ヒスチジン	1,000－3,000
イソロイシン	10－50
ロイシン	10－50
リジン	50－100
メチオニン	10－100
フェニルアラニン	10－50
プロリン	20－50
セリン	10－50
スレオニン	10－50
トリプトファン	1－10
チロシン	10－50
バリン	20－50

表2.2　カツオ節から出汁に溶け出した成分（有機酸）

有機酸名	成分量［mg/100 g カツオ節］
乳酸	2,000－3,000

表2.3　カツオ節から出汁に溶け出した成分（核酸）

核酸名	成分量［mg/100 g カツオ節］
ADP（アデノシン二リン酸）	1－10
AMP（アデノシン一リン酸）	20－100
IMP（イノシン酸）	100－1,000

表2.4　カツオ節から出汁に溶け出した成分（無機物）

無機物名	成分量［mg/100 g カツオ節］
K（カリウム）	500－1,000
Na（ナトリウム）	100－500
Ca（カルシウム）	10－50
P（リン）	100－500

《この問いで参考にした文献》

［1］　山崎吉郎．1994．日本家政学会誌，45(1)：41-45
［2］　高岡素子．2008．浦上財団研究報告書，16：104-118
［3］　柴田圭子ら．2008．日本調理科学会誌，41(5)：304-312
［4］　舟木行雄．1988．駒沢女子短期大学研究紀要，21：15-25
［5］　大石圭一ら．1959．日本水産学会誌，25(10-12)：639-643
［6］　大石圭一ら．1959．日本水産学会誌，25(10-12)：644-645
［7］　小早川知子ら．2010．日本食品科学工学会誌，57(8)：336-345

問３　カツオ節の出汁の酸味に関係しそうな成分の候補として、特に何を挙げることができますか。

【答】

「カツオ節の出汁の酸っぱさに関係しそうな成分の候補を挙げろー」なんて、いきなり言われてもちょっと困ってしまいますが、ここでは、次の２点を考慮しながら、考えてみたいと思います。

⑴　出汁に溶け出す成分量として多いこと

⑵　出汁に溶け出して水素イオンを放出する可能性があること

まず、問２の各表を見ると、ヒスチジン、乳酸、イノシン酸、カリウムの成分量が特に多いことがわかります。これらのうち、水素イオンを放出する可能性があるのは、ヒスチジン、乳酸、イノシン酸です。

なので、「候補はヒスチジン、乳酸、イノシン酸！」と決めたいところですが、じつはもう１つ、問２の表に載っていないですが、リン酸にも注意です。

カツオが命を落としますと、カツオの筋肉にあるアデノシン三リン酸という物質が分解されます。この分解の過程で、アデノシン三リン酸からリン酸が２つ外れて、アデノシン一リン酸ができ、そしてイノシン酸ができます。さらに、イノシン酸も分解されていくのですが、その過程でもイノシン酸からリン酸が１つ外れます（コラム３参照）。

なので、カツオ節にアデノシン一リン酸やイノシン酸があるということは、カツオ節にリン酸が豊富にあることを意味します（ちなみに、全てがリン酸だと言い切ることはできませんが、リンは出汁の成分に含まれていますね〈表2.4参照〉）。そして、リン酸も水素イオンを放出する可能性があります。

そういったわけで、カツオ節の出汁の酸っぱさに関係しそうな成分の候補として、特にヒスチジン、乳酸、イノシン酸、リン酸を挙げたいと思います。

コラム３　筋肉中のアデノシン三リン酸の分解と魚の鮮度

カツオなどの魚が命を落としますと、筋肉中のアデノシン三リン酸は、次のように分解されます（表 C3.1）。

表の「外れた物質」の欄を見ますと、この過程で、アデノシン三リン酸１つから、最大３つのリン酸が生じることがわかります。

ちなみに、筋肉中のアデノシン三リン酸の分解の程度をしらべることで、魚の鮮度をしらべることができると言われています[1]。

魚の死後、時間がたつと、アデノシン三リン酸の分解が進んで、次第にイノシンやヒポキサンチンの量が増えてきます。そこで、表 C3.1に載っているアデノシン三リン酸を含む分解物の総量に占める、イノシンとヒポキサンチンの合計量の割合が、魚の鮮度を表すと言われていて、*K* 値と定義されています（式 C3.1）。

$$K\text{値}(\%) = \frac{\mathrm{HxR} + \mathrm{Hx}}{\mathrm{ATP} + \mathrm{ADP} + \mathrm{AMP} + \mathrm{IMP} + \mathrm{HxR} + \mathrm{Hx}} \times 100 \quad \text{（式C3.1）}$$

※各分解物の単位は［mol］です。

「で、結局 *K* 値でなにがわかるの？」と思われるかもしれません。一般には、*K* 値と魚の状態との関係は、表 C3.2のとおりと言われています。

表 C3.1　筋肉中のアデノシン三リン酸の分解

名称	構造	外れた物質
アデノシン三リン酸 (ATP)	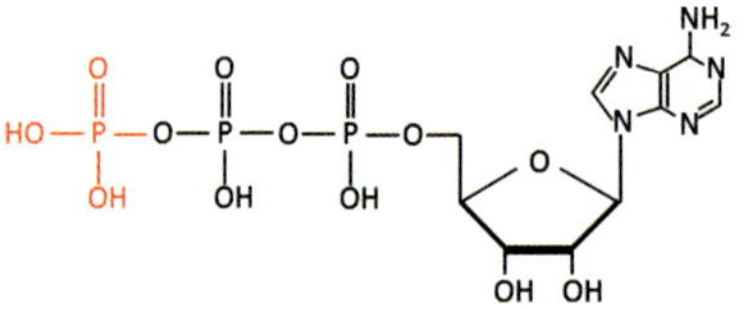	
アデノシン二リン酸 (ADP)	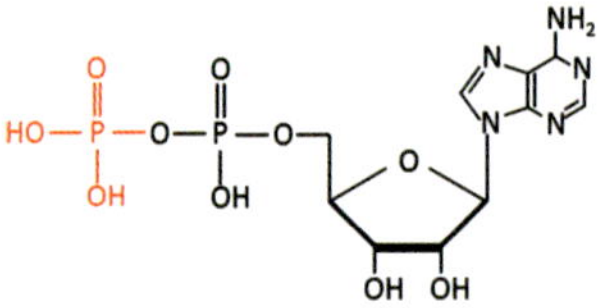	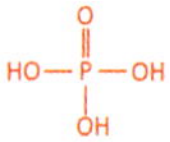 リン酸
アデノシン一リン酸 (AMP)	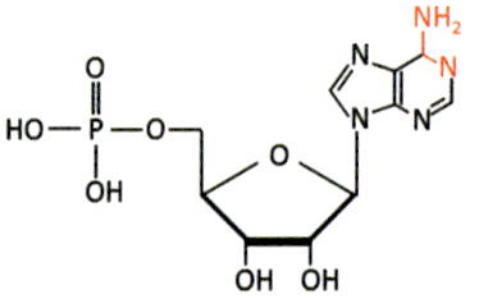	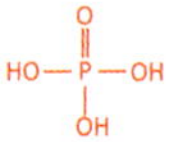 リン酸
イノシン酸 (IMP)	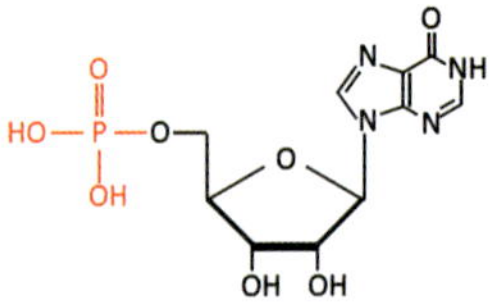	
イノシン (HxR)	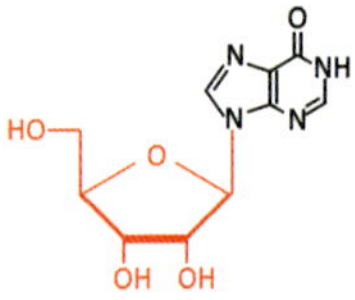	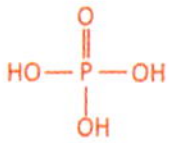 リン酸
ヒポキサンチン (Hx)	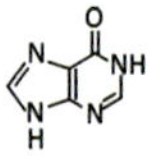	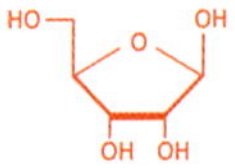 D-リボース

表 C3.2　*K* 値と魚の状態との関係

K 値［%］	魚の状態
0 − 10	死殺直後
10 − 20	刺身としても適当
20 − 30	新鮮
30 − 40	煮焼き用
40 − 60	腐敗の徴候
60 −	腐敗

スーパーマーケットとかで、「今日は魚をどう料理しようかなー♪」と考えているときに、買おうとしている魚の *K* 値がわかったら、とても便利ですね。でも、お店の方に「この魚の *K* 値はどれくらいですか？」って聞いたら、たぶん相手にしてくれないと思います（価格だと理解されて、値段を教えてくれるかもしれませんが）。

K 値を算出するための成分の分析には、普通、手間がかかるので、結局スーパーマーケットとかで魚を選ぶときには、目利きをするしかないのが現状です。*K* 値をすぐに分析できる手法が開発されて、一般に広まればいいのですが。

《この問いで参考にした文献》

［1］　久保田紀久枝 & 森光康次郎編．2008．食品学（第 2 版）．東京化学同人

問４　カツオ節の出汁の酸味に関係しそうな成分の候補は、カツオ節の中ではどのような形態で存在すると考えられますか。

【答】

わたしの名付け親によると「この問いは、重要な問いなのだが、普通あまり考えられていないように思う。この研究がもつオリジナリティのひとつだろう」とのことです。とっても大切な問いみたいですね。

もうすこし、この問いの補足をします。問３で、「カツオ節の出汁の酸味に関係しそうな成分の候補は、ヒスチジン、乳酸、イノシン酸、リン酸！」と決めました。ここでは、カツオ節の中でこれらの成分は、水素イオンを出す形をとっているのか、それとも、水素イオンを受け取る形をとっているのかということを、気にしています。ちょっと聞きなれない言葉かと思いますが、水素イオンを出す形のことを「プロトン供与態」、水素イオンを受け取る形のことを「プロトン受容態」と表現したいと思います（ちなみに、プロトンとは水素イオン〈H^+〉のことです）。

この問いに答えるためには、次の２つの情報が必要です。

⑴　カツオ節の pH に関する情報

⑵　各候補成分の酸解離定数に関連した情報

⑴については、回遊性の赤身魚に関する報告[1-2]をもとにすると、カツオ節の pH は5.6程度だと見つもることができます（コラム４参照）。

⑵については、ちょっと専門的な内容が含まれます。「水素イオンをどれくらい出しやすいか」ということを示す「酸解離定数」という指標を用いると、カツオ節の中での、各成分のプロトン供与態とプロトン受容態の割合を推定できるのですが、「なにがどうしたの？」って感じで

すよね。もし、ご関心がありましたら、「IV　補足したいこと」の補足1をご覧ください。

ここでは、答えを主にお伝えしたいと思います。カツオ節のpHが5.6だとすると、カツオ節の中での、ヒスチジン、乳酸、イノシン酸、リン酸の形態とその存在率は、表4.1のとおりです。

（なお、ヒスチジン、イノシン酸、リン酸は、水素イオンを授受する反応を複数もっていますが、pH＝5.6近傍では、水素イオンを授受する他の反応は極めて起こりにくいので、表4.1に載せた形態だけが存在すると想定しています）

カツオ節の中のヒスチジン、イノシン酸、リン酸については、プロトン供与態（水素イオンを出す形態）の方が、プロトン受容態（水素イオンを受け取る形態）よりも多く存在しているみたいです。そして、ちょっと意外に思われるかもしれませんが、カツオ節の中の乳酸のほとんどは、プロトン受容態として存在するみたいです。「酸」という名前がついているから、「水素イオンを出して当然」と考えてはいけないようです。

ちなみに、カツオ節は、カツオの生肉を乾燥させて作られているので、カツオ節中のそれぞれの成分はイオンとして存在するのではなくて、荷電しているところに逆の電荷をもつイオンが結合して、結晶になっていると考えられます。ちょっとイメージしにくいかもしれませんが、塩水を蒸発させると、水に溶けている塩化物イオン（Cl^-）とナトリウムイオン（Na^+）が結合して、塩化ナトリウム（NaCl)、つまり塩の結晶ができるのとおなじことが起こっていると考えられます。

表4.1　カツオ節の中でのヒスチジン、乳酸、イノシン酸、リン酸の形態

名称	形態	構造	存在率［%］
ヒスチジン	プロトン供与態	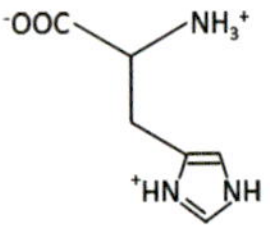	72
	プロトン受容態	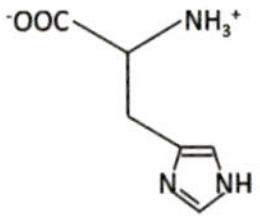	28
乳酸	プロトン供与態	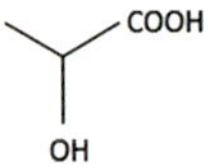	2
	プロトン受容態	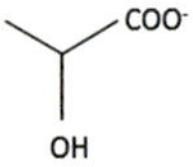	98
イノシン酸	プロトン供与態	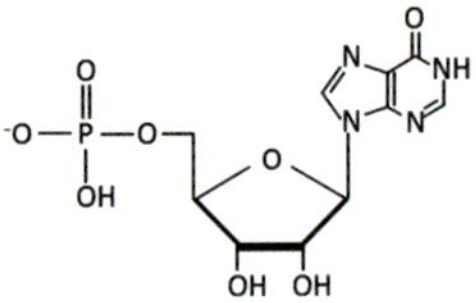	72
	プロトン受容態	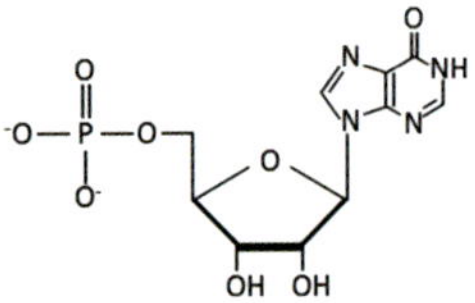	28
リン酸	プロトン供与態	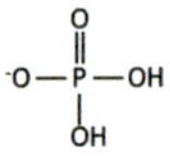	98
	プロトン受容態	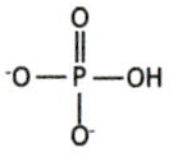	2

たとえばリン酸の場合ですと、リン酸のプロトン供与態はマイナスの電荷数が1つ、プロトン受容態はマイナスの電荷数が2つになっています。なので、リン酸のプロトン供与態に対してはプラスの電荷数が1つのイオン、プロトン受容態に対しては（合計して）プラスの電荷数が2つとなるイオンが結合して、結晶ができると考えられます。

もしも、プラスの電荷をもつイオンがナトリウムイオン（Na^+）でしたら、リン酸のプロトン供与態には1つのナトリウムイオンが結合して、リン酸一ナトリウムという名前の結晶ができます。また、リン酸のプロトン受容態には2つのナトリウムイオンが結合して、リン酸二ナトリウムという名前の結晶ができることになります。

コラム4　死後の魚のpHについて

魚が命を落としますと、筋肉のpHは下がります。これは、筋肉に含まれるグリコーゲンという物質が分解されて、乳酸ができるからと言われています。なので、魚肉のグリコーゲンの量と、死後の魚のpHには関連性があると言われています[1]（表C4.1）。

表C4.1　魚肉のグリコーゲンの量と死後の魚のpH

魚肉の種類	グリコーゲン量	死後の魚のpH
底生性の白身魚肉	0.4%以下	6.0－6.4
回遊性の赤身魚肉	1.0%前後	5.2－5.6

そして、データが1つしかないのですが、カツオの筋肉のpHは、死後20分で5.6程度に低下するとの報告があります[2]。ちょっとデータが少ないですが、カツオが回遊性の赤身魚であることを考慮すると、死

後、筋肉のpHが5.6程度にまで下がるのは、おそらく一般的なことなのだと考えられます。

そういったわけで、カツオ節のpHを5.6程度と見つもることにしたのです。

《この問いで参考にした文献》

［1］ 小関聡美ら．2006．東海大学紀要海洋学部，4(2)：31-46

［2］ 新垣盛敬ら．1988．昭和62年度技術改良試験（沖縄県）

問５　カツオ節１gから、カツオ節の出汁の酸味に関係しそうな成分の候補は、出汁の成分としてどれくらい溶け出していくと考えられますか。

【答】

ここでは、カツオ節の出汁について報告されている情報を集めて、カツオ節１gから、カツオ節の出汁の酸味に関係しそうな成分の候補（ヒスチジン、乳酸、イノシン酸、リン酸）は、出汁の成分としてどれくらい溶け出していくのかを見つもることにしました。その結果は、表5.1のとおりです（くわしくは「IV　補足したいこと」の補足２で紹介しています。ご関心がありましたらご覧ください）。

ちなみに、100℃の水で１－３分間程度の時間をかけて出汁をとる場合を想定しています（家庭でカツオ出汁をとるときって、だいたいこれくらいですよね）。

表5.1　カツオ節中の各成分の出汁への溶出量の推定

名称	データ数	出汁への溶出量［mg/g カツオ節］		
		平均値	95％信頼区間（平均値）	
			下限値	上限値
ヒスチジン	4	16	13	19
乳酸	2	30	29	32
イノシン酸	3	5.7	4.2	7.1
リン酸	－	5.3	－	－

補足したいことがたくさんあります。上の表は大切な情報ですが、補足もとっても大切な情報ですので、ご留意ください。

表5.1に載せた成分量は、データを集めて得た平均値です。また、リン酸の溶出量についての報告が見つかりませんでしたので、リン酸はアデノシン三リン酸の分解によってできるものとして（コラム３参照）、その溶出量を見つもりました。

そして、私の名付け親によると、「情報を集めてみると、報告と報告の間にある情報のギャップが大きかった」とのことです。

たとえば、報告によって出汁をとるときの温度や時間の条件がまちまちで、採用できなかった報告がたくさんあるとのことです。また、50年以上も前に報告されていたデータと最近報告されているデータですと、カツオの鮮度を表すK値（コラム３参照）が相当違っているようでしたので、あまりにも昔の報告は、最近のカツオ節の実態を表していなさそうで、採用できなかったとのことです（ちなみに、最近のカツオ節の方が新鮮な状態のカツオを使って作られていそうです。昔よりも、低温で流通したり保管したりすることができるようになったことを反映しているのかもしれません）。

なので、ここでお示しする情報が、できるだけ確かなものになるように報告を選び取っていくと、平均値を計算するの使えたデータはごくわずかになってしまったようなのです。

少し長くお話をしてしまいました。補足でお伝えしたいことをまとめますと、「表5.1は、情報が不足しているけれども、なんとか見つもったデータです。このような限界があるということを、ご留意ください」ということです。

問6　カツオ節を１Ｌの純水に入れて出汁をとる場合、入れたカツオ節の量と出汁のpHの関係は、理論上、どのようなものになると考えられますか。

【答】

ここでは、pHが5.6のカツオ節を１Ｌのお水に入れたときを考えます。カツオ節のpHが5.6なので、カツオ節の出汁の酸味に関係しそうな成分の候補（ヒスチジン、乳酸、イノシン酸、リン酸）の状態は、表4.1のとおりです。また、各成分が出汁へ溶出する量は表5.1でお示ししたとおりです。

本当は、とっても大変な計算をしているのですが、ここでは簡潔にご紹介したいと思います。カツオ節を入れた量とpHの関係は図6.1のよ

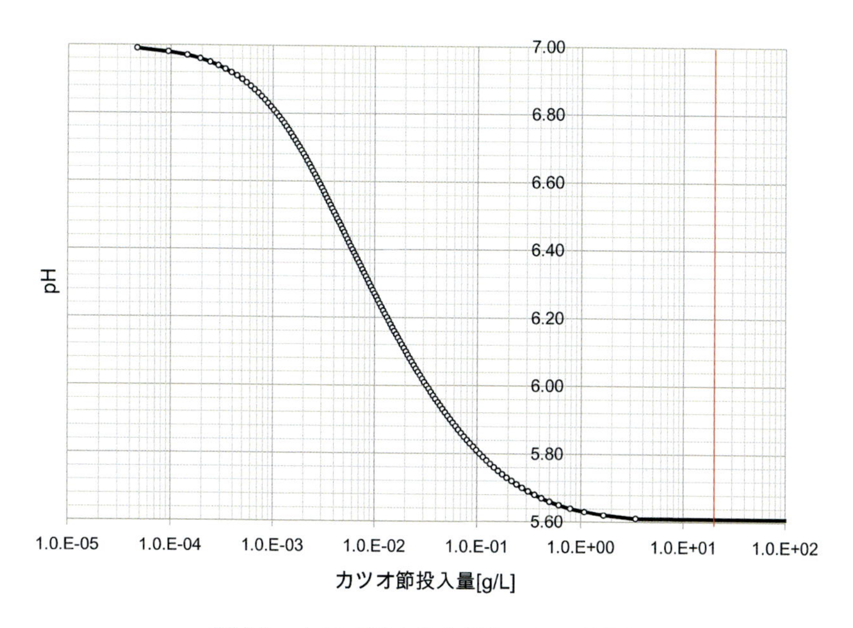

図6.1　カツオ節の投入量とpHの関係

うになると考えられます（「IV　補足したいこと」の補足３で、くわしく紹介しています）。

すこし補足です。図6.1は、100℃の水で１－３分間程度の時間をかけて出汁をとると想定したときのものです。また、横軸の目盛は、少し見慣れないかもしれないですが、「対数目盛」というものです。これはグラフを見やすくするための工夫なのです（Ｓ字の曲線ってきれい、と思いませんか？）。あと、横軸の数字も、少し見慣れないかもしれないですが、これは指数を意味しています。たとえば1.0.E－01は10^{-1}＝0.1、1.0.E＋00は10^{0}＝1、1.0.E＋01は10^{1}＝10を意味しています。

図6.1を眺めていると２つの特徴があるかなと思います。１つは、カツオ節をたくさん入れると出汁のpHは下がるということ。もう１つは、たくさん入れても出汁のpHは5.6を下回ることはないということです。

出汁のpHは5.6を下回ることはないというのは、入れたカツオ節のpHが5.6だったことに由来しています。なので、この場合は、どんなにカツオ節の量を増やしても、理論的には出汁のpHは5.6を下回ることはないです。ちなみに、もしもカツオ節のpHが5.2でしたら、出汁のpHは5.2を下回ることはないです（裏を返すと、出汁のpHをしらべると、もともとのカツオ節のpHがどれくらいだったのかを知ることができます。あまりそんな需要はないかもしれないですが）。

ふつう、家庭でカツオ出汁をとるときには、１Ｌのお水に対して20ｇくらいのカツオ節を入れるかと思います（小さな鍋でしたらお水500mLにカツオ節10ｇくらいです）。これは、図6.1の赤線のところに相当するので、家庭で出汁をとる場合でも、カツオ出汁のpHは、下がるところまでほぼ下がっていると言えそうです。

問7 カツオ節の出汁のpHを低くするのに、最も大きく影響するカツオ節中の成分は、何であると考えられますか。

【答】

とても難しい問いです。たぶん、一般的には、何となくですが、乳酸だと思われているのではないかと思います。でも、理論的には、ヒスチジンだと考えられます。どうしてヒスチジンなのかをご説明するには、すこし長くなってしまうかもしれないですが、お付き合いいただけるとうれしいです。

まず、ちょっとおさらいします。カツオ節の出汁の酸味に関係しそうな成分の候補（ヒスチジン、乳酸、イノシン酸、リン酸）がとる形について、水素イオンを出すもののことを「プロトン供与態」、水素イオンを受け取るもののことを「プロトン受容態」と表現することにしていました（表4.1参照）。出汁の水素イオンの濃度が高くなると、pHは低くなるという関係がありますので、水素イオンを出す「プロトン供与態」は、出汁のpHを低くする方向にはたらきます。また、水素イオンを受け取る「プロトン受容態」は、「プロトン供与態」とは逆の関係にありますので、出汁のpHを高くする方向にはたらきます。

問6で、カツオ節の投入量とpHの関係を示した曲線図（図6.1参照）を紹介しましたが、この曲線を表す関係式には、ヒスチジン、乳酸、イノシン酸、リン酸の「プロトン供与態」と「プロトン受容態」による水素イオンの放出（と受取）を意味する計算項が含まれています。そこで、各成分の「プロトン供与態」と「プロトン受容態」の計算項の大きさを合計すると、「全体の計算項の大きさ」を求めることができます。また、各成分の「プロトン供与態」だけで計算項の大きさを合計すると

「プロトン供与態の計算項の大きさ」、「プロトン受容態」だけで計算項の大きさを合計すると「プロトン受容態の計算項の大きさ」を求めることができます。ここで、「全体の計算項の大きさ」に占める「プロトン供与態の計算項の大きさ」を「プロトン供与態の項の寄与率」、「全体の計算項の大きさ」に占める「プロトン受容態の計算項の大きさ」を「プロトン受容態の項の寄与率」と表現することにしますね。これらの「項の寄与率」と pH との関係を調べたものが、下の図7.1です（計算式などをくわしくお知りになりたい方は、「Ⅳ　補足したいこと」の補足3をご覧ください）。

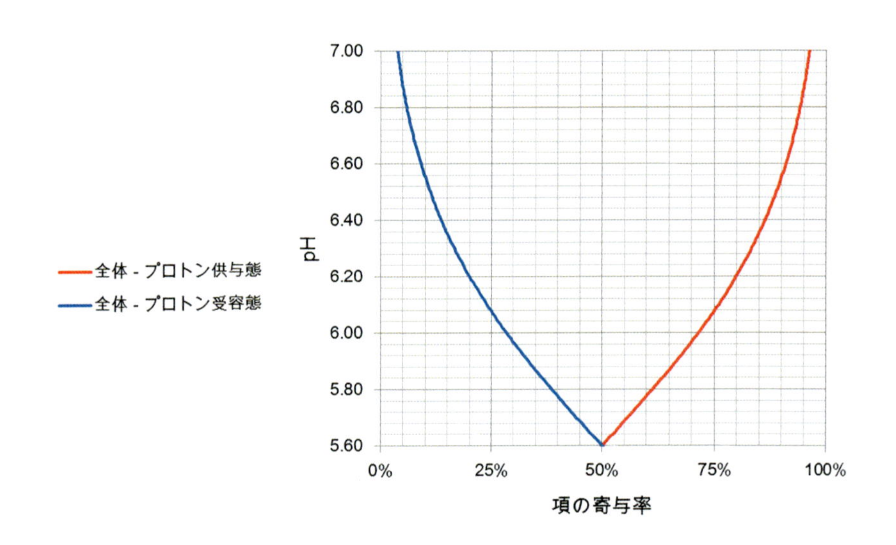

図7.1　プロトン供与態とプロトン受容態の「項の寄与率」（全体）

……といっても、この図が一体何を意味しているのか、よくわからないですよね。図7.1で特に見てほしいのは、赤線と青線が交わっているところなのです。それぞれ、「プロトン供与態」と「プロトン受容態」

の項の寄与率が50％になっているところなのですが、ここでの出汁のpHは5.6になっているかと思います。

pHが5.6と言えば、どんなに入れるカツオ節の量を増やしても、理論的には出汁のpHは5.6を下回ることはないとして紹介した値でもあります（図6.1参照)。このこととあわせて考えると、pHが5.6のときには、「プロトン供与態」が水素イオンを出しても、「プロトン受容態」がちょうどその水素イオンを受け取ってしまうので、これ以上、出汁のpHは下がらないということを読み取ることができます。このように、この図は、プロトン供与態とプロトン受容態の寄与の大きさの関係を表した図なのです。

図7.1はカツオ節の出汁の酸味に関係しそうな成分の候補（ヒスチジン、乳酸、イノシン酸、リン酸）の全体を合わせた時の図ですが、次にご紹介する図7.2は図7.1の内訳です（なので、それぞれを足せば図7.1になります)。

図を見やすくするために、プロトン供与態の「項の寄与率」をプラス、プロトン受容態の「項の寄与率」をマイナスにしています。それでもちょっと線が込み合っていますが、一番右に、目立っている赤線があるかと思います。これはヒスチジンのプロトン供与態の線です。そして、出汁のpHが7.0から5.6に下がるなかで、一貫して、プロトン供与態としての「項の寄与率」が、もっとも大きいことが読み取れます（ちなみに、乳酸の寄与率はそんなに大きくないことも読み取れます)。

なので、カツオ節の出汁のpHの低下に、最も大きく影響するカツオ節中の成分は、ヒスチジンだと考えられるのです。

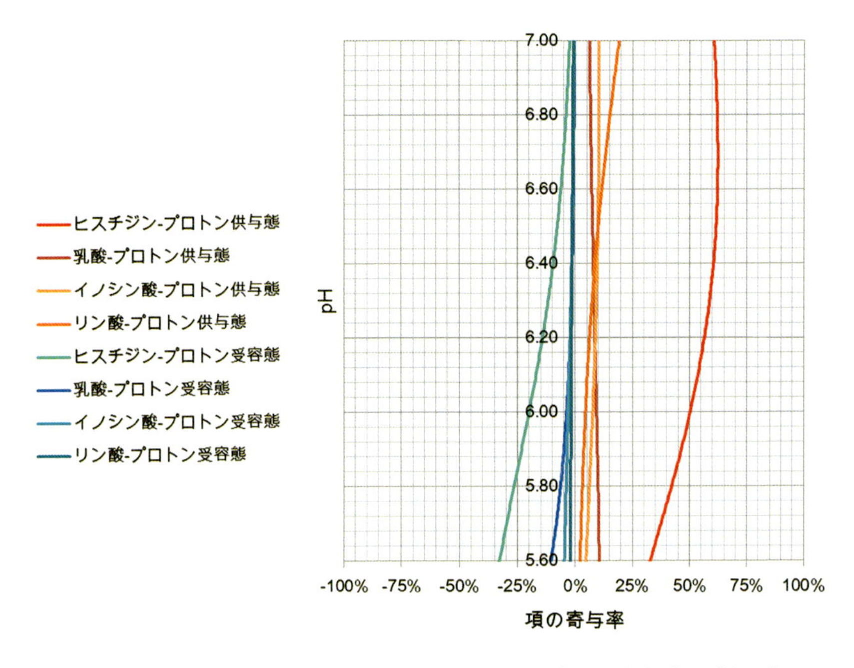

図7.2　プロトン供与態とプロトン受容態の「項の寄与率」（内訳）

コラム5　ニボシ出汁の場合

ニボシで出汁をとる場合、出汁のどの成分がpHの低下に最も大きく影響しているのかも、せっかくなので調べてみることにしました。理論的には、リン酸だと考えられます。すこし長くなりますが、カツオ節のときと基本的には同じお話をします。

まず、ニボシ出汁のpHは6.4−6.5程度との報告があります（コラム２参照）。これで出汁のpHとしては十分下がっている状態だとしますと、もともとのニボシのpHも6.4−6.5程度と見つもることができます。そこで、ここでは、お水に入れるニボシのpHを6.5として、話を進めたいと思います。

次に、ニボシ１gから、ニボシ出汁の酸味に関係しそうな成分の候補が、出汁の成分としてどれくらい溶け出すのかを見つもりました（表C5.1）。ちなみに、100℃の水で10分間程度の時間をかけて出汁をとる場合を想定しています（「Ⅳ　補足したいこと」の補足２でくわしい紹介をしています）。

表 C5.1　ニボシ中の各成分の出汁への溶出量の推定

名称	データ数	出汁への溶出量［mg/g ニボシ］		
		平均値	95％信頼区間（平均値）	
			下限値	上限値
ヒスチジン	4	3.3	2.6	4.0
乳酸	4	8.5	7.5	9.5
イノシン酸	4	5.6	4.5	6.8
リン酸	1	6.0	−	−

表C5.1のようにニボシ中の各成分が出汁に溶け出すとしますと、pHが6.5のニボシを１Lのお水に入れたとき、ニボシを入れた量と出汁のpHの関係は、理論上、図C5.1のようになります。

pHはこのように下がりますので、カツオ節のときと同じように、各成分のプロトン供与態とプロトン受容態の「項の寄与率」とpHとの関係を調べますと、図C5.2のようになります。pHが6.5のときには、「プロトン供与態」と「プロトン受容態」の「項の寄与率」がそれぞれ50％となって、一致します。図C5.1とあわせて考えると、プロトン供与態が水素イオンを出しても、プロトン受容態がちょうどその水素イオ

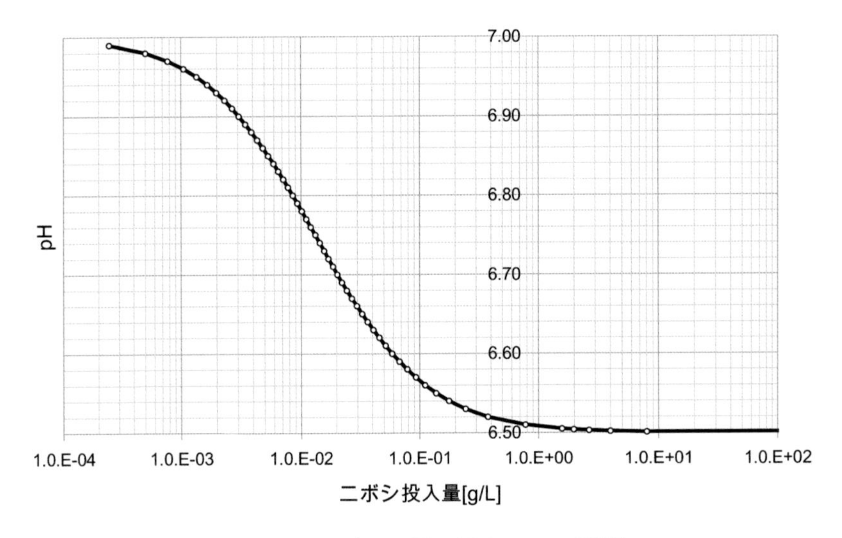

図 C5.1　ニボシの投入量と pH の関係

ンを受け取ってしまうので、これ以上、出汁の pH は下がらないということが読み取れます。

図 C5.2はニボシの出汁の酸味に関係しそうな成分の候補（ヒスチジン、乳酸、イノシン酸、リン酸）の全体を合わせた時の図です。ここで、その内訳をお示ししますと、図 C5.3のようになります。

図を見やすくするため、プロトン供与態の「項の寄与率」をプラス、プロトン受容態の「項の寄与率」をマイナスにしています。一番右に、目立つ濃いオレンジ色の線があるかと思います。これはリン酸のプロトン供与態の線です。そして、出汁の pH が7.0から6.5に下がるなかで、一貫して、プロトン供与態としての「項の寄与率」が、もっとも大きいことが読み取れます。

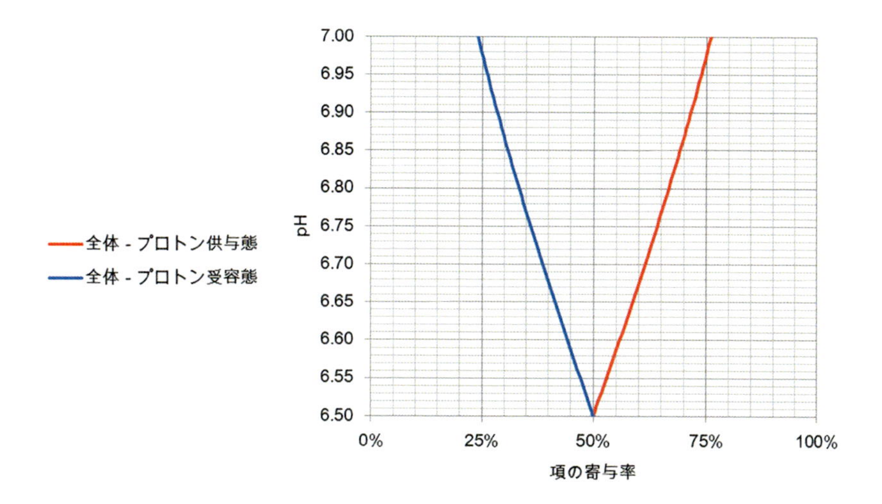

図 C5.2　プロトン供与態とプロトン受容態の「項の寄与率」（全体）

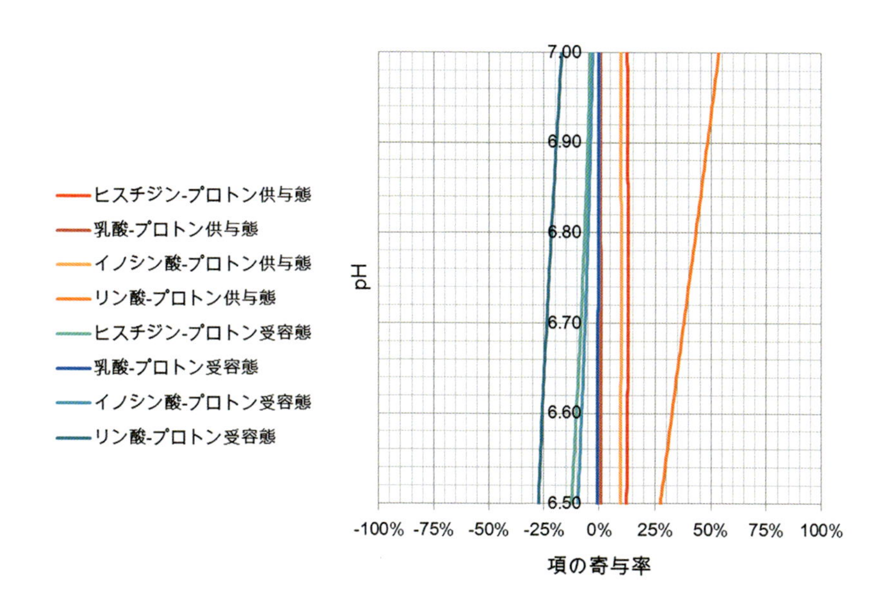

図 C5.3　プロトン供与態とプロトン受容態の「項の寄与率」（内訳）

このように、カツオ節のときはヒスチジンでしたが、ニボシのときはリン酸が、出汁の pH の低下に最も大きく影響していると考えられるのです。

pH が下がることは、カツオ節の出汁と同じことですが、そこで起こっていることはずいぶん違っているみたいです。「理論による研究」の強みやおもしろさは、このようなことが見えるところにあるのかなと、わたしは思います。

問８　課題１について、答えをまとめると、どのようになりますか。

【答】

ここまでお付き合いしていただいてありがとうございました（ひょっとしたら、ここから読まれている方もいるかもしれないですが）。課題１「カツオ節で出汁をとると、なぜ酸っぱくなるのでしょうか？」について、答えをまとめます。

出汁が酸っぱいということは、化学的には、出汁のpHが低い状態ということです。カツオ出汁の中にはいろいろな成分が含まれていますが、酸味に関係しそうな成分の候補として、特にヒスチジン、乳酸、イノシン酸、リン酸に着目することにして、これらの成分が出汁のpHを下げるのに、どれくらい寄与するのかを調べることにしました。その結果、ヒスチジンが、カツオ節の出汁のpHを低くするのに、最も大きく影響すると考えられました。

これらのことから、課題１については「主に、カツオ節に含まれるヒスチジンが出汁に溶け出すことによって、カツオ出汁は酸っぱくなる」として、答えをまとめたいと思います。

II-2　課題２

カツオ節で出汁をとりすぎると、なぜ旨味が弱くなるのでしょうか？

この課題に答えるための小問は、次のとおりです。

		頁
問９	カツオ節の出汁の旨味に関係する成分の中で、特徴的な成分は何ですか。また、その成分は旨味の味覚に対して、どのような影響があると言われていますか。	47
問10	イノシン酸は、舌に存在する味覚受容体に結合しますか。結合するとしたら、どの味覚受容体に結合すると言われていますか。	51
問11	イノシン酸は、どのようなメカニズムによって、グルタミン酸による旨味を強めると考えられていますか。	53
問12	カツオ節で出汁をとりすぎた場合、出汁中のイノシン酸はどのような形態で存在すると考えられますか。また、それは、旨味を味覚するメカニズムに対して、どのような影響があると考えられますか。	56
問13	課題２について、答えをまとめると、どのようになりますか。	60

問９　カツオ節の出汁の旨味に関係する成分の中で、特徴的な成分は何ですか。また、その成分は旨味の味覚に対して、どのような影響があると言われていますか。

【答】

まずは、食品の味についての一般的なお話をして、最後に、まとめてお答えします。

一般的に、食品の味は、「基本味」として「甘味、苦味、旨味、酸味、塩味」の５つに分類されています[1]。「あれ。辛味は？」と思われるかもしれませんが、「辛味」は「痛み」であって生理学的には味ではないと考えられているようです（コラム６参照）。

「甘味に関係する食品の成分ってどんなもの？」と質問されたら、お砂糖とかをイメージできるかと思うのですが、「旨味に関係する食品の成分ってどんなもの？」と質問されたら、ちょっとイメージしにくいかと思います。

なので、旨味に関係する食品の成分の例をまとめてみました（表9.1)。おおまかにはアミノ酸と核酸という成分に分類できるかと思います。

ところで、「旨味に関係する」という表現は、ちょっと曖昧だと思いませんでしたか？　実は、ここでは「旨味に関係する」という表現に、「旨味を与える」効果と「旨味を強める」効果の２つの意味をこめています。

表9.1に載せている成分の例ですと、「旨味を与える」効果があるのはグルタミン酸とテアニン、「旨味を強める」効果があるのはイノシン酸

とグアニル酸と言われています。ちなみに、構造をみますと、グルタミン酸とテアニン、イノシン酸とグアニル酸はそれぞれ形がよく似ているので、「きっと同じような効き方をしているんだろうなー」ということがうかがえます。

表9.1　旨味に関係する食品の成分の例

分類	名称	構造	含む食品の例
アミノ酸	グルタミン酸	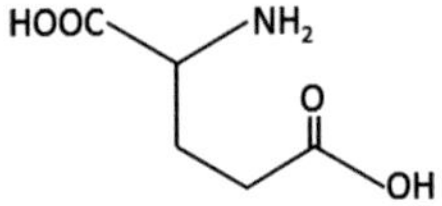	コンブ
	テアニン	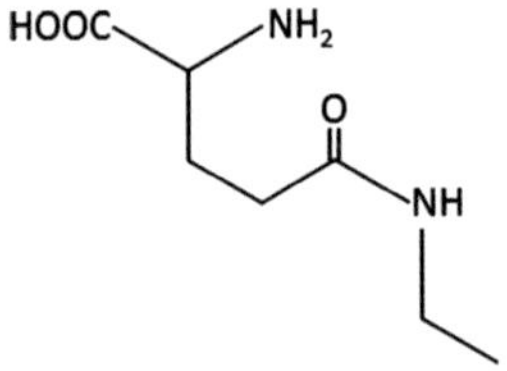	お茶（玉露茶）
核酸	イノシン酸	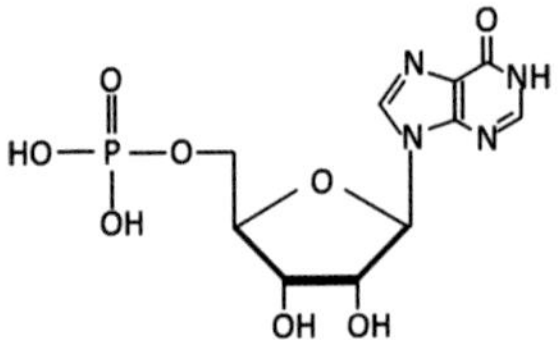	カツオ節 ニボシ
	グアニル酸	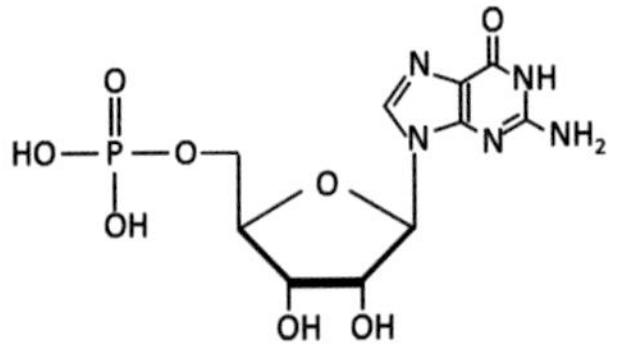	シイタケ

ここまで読み進めていただけましたら、もう蛇足かもしれないですが、問いに対する答えをまとめていきたいと思います。

カツオ節はイノシン酸を含んでいて、イノシン酸はカツオ節から出汁に溶け出します。グルタミン酸もカツオ節から出汁に溶け出しますが、量的にはイノシン酸が特徴的と言えそうです（表2.1、表2.3参照）。

そういったわけで、カツオ節の出汁の旨味に関係する成分の中で、特徴的な成分はイノシン酸です。そして、イノシン酸は、「旨味を強める」効果があると言われています（イノシン酸が「旨味を与える」わけではないのです）。

コラム６　基本味について

食品の味は、「基本味」として「甘味、苦味、旨味、酸味、塩味」の５つに分類されていますが、「基本味」として分類されるためには、次の３つの条件を満たす必要があるとされています。

表 C6.1　基本味の３条件

	内容
1	他の基本味とは明らかに味質が異なっていること
2	他の基本味を組み合わせてもその味を作り出せないこと
3	他の基本味とは異なる受容体を通して脳に伝達されること

一般に、辛味、渋味、えぐ味などは、味覚受容体が刺激されるのではなくて、口の中の神経終末（痛みを感じたりする神経線維の末端）というものが刺激されることで感じられる感覚だと考えられています。つまり、辛味、渋味、えぐ味などは、表 C6.1の基本味の３条件のうち、条件３を満たさないから、「基本味」として分類されていないということのようなのです。

でも、裏を返すと、たんに今まで知られていなかっただけで、実は辛味、渋味、えぐ味などを与える食品の成分が味覚受容体を刺激していることが明らかになって、辛味、渋味、えぐ味についても条件3を満たすことが言えたなら、これらも「基本味」として分類されるかもしれないです。

「これまで基本味として考えられていなかったけど、じつは口の中のこの感覚も基本味として分類できるのではないか」という、ちょっと切り口の違う「味の探求」も、おもしろそうですね。

《この問いで参考にした文献》

［1］ 久保田紀久枝 & 森光康次郎編．2008．食品学（第2版）．東京化学同人

問10　イノシン酸は、舌に存在する味覚受容体に結合しますか。結合するとしたら、どの味覚受容体に結合すると言われていますか。

【答】

問いの立て方がすでに答えを暗示するような感じになっていますが、イノシン酸は、舌にある味覚受容体に結合すると言われています。どのような味覚受容体に結合するのかといいますと、「旨味受容体」として知られる味覚受容体に結合することが知られています。

じつは「旨味受容体」というのは、旨味に関係する味覚受容体の総称です。なので、こまかく見ていくと、「旨味受容体」にもいろいろな種類があると言われています。その中でも、イノシン酸が結合すると言われている「旨味受容体」は「T1R1/T1R3受容体」と呼ばれています。

「T1R1/T1R3受容体」というのは、「T1R1」と呼ばれるタンパク質と「T1R3」と呼ばれるタンパク質が合わさってできている旨味受容体です。イノシン酸はこれらのタンパク質のうち、「T1R1」の方に結合すると言われていて、特に「T1R1」のタンパク質の「VFD (Venus Flytrap Domain)」という領域に結合すると推定されています[1-2]。

すこし聞きなれない言葉が並んでいて、わかりにくいかと思いますので、模式図を作ってみました（図10.1）。

ちなみに、図10.1にも載せていますように、「旨味を与える」食品成分であるグルタミン酸も、イノシン酸と同じく、「VFD」という領域に結合すると推定されています[1-2]。グルタミン酸とイノシン酸は、同じ

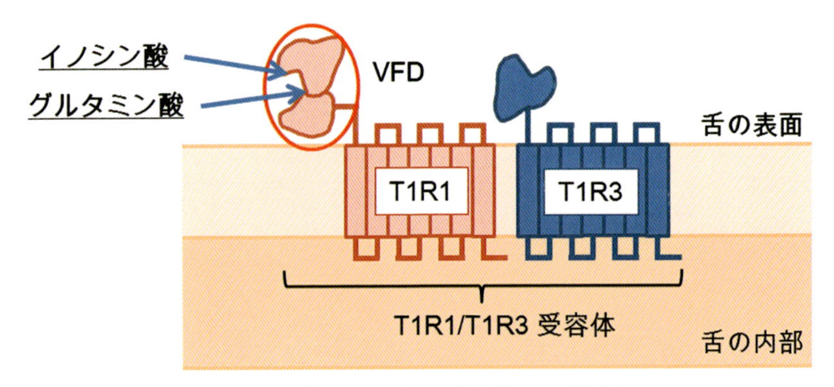

図10.1 「T1R1/T1R3受容体」の模式図

旨味受容体の同じ領域に結合するので、グルタミン酸が旨味を与えることと、イノシン酸が旨味を強めることとの間には、大きな関係がありそうです。

《この問いで参考にした文献》

［1］ Zhang F. *et al*. 2008. Proc Natl Acad Sci USA., 105(52): 20930–20934

［2］ Toda Y. *et al*. 2013. J Biol Chem., 288(52): 36863–36877

問11　イノシン酸は、どのようなメカニズムによって、グルタミン酸による旨味を強めると考えられていますか。

【答】

この問いに答えるために、グルタミン酸やイノシン酸が結合する旨味受容体である「T1R1/T1R3受容体」について、もうすこしくわしく紹介したいと思います。

「T1R1/T1R3受容体」の「T1R1」のタンパク質には、「VFD (Venus Flytrap Domain)」という領域があることを、問10でご紹介しました（図10.1参照）。この、「VFD」は、かたちを変えることができて、２つの状態をとることができると言われています。ひとつには「開いた状態」、もうひとつには「閉じた状態」です。口が開いたり閉じたりしているのをイメージすればよいかと思います（図11.1）。

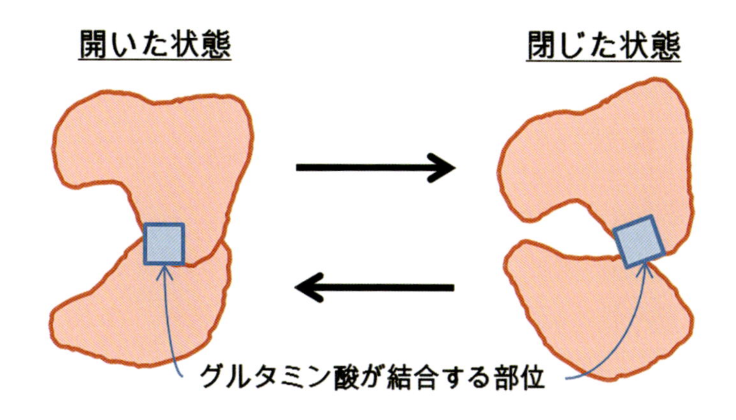

図11.1 「VFD (Venus Flytrap Domain)」の２つの状態の模式図

「VFD」にはグルタミン酸が結合すると言われていて、グルタミン酸が結合する部位は、図11.1にも載せていますとおり、口の番(つがい)に相当するところの近くにあります。そして、グルタミン酸は、「VFD」が「閉じた状態」だと、結合しやすいと推定されています。

ひょっとしたら、「開いた状態」の方が開いているんだから結合しやすいのでは？　という直感を抱かれるかもしれないですが、実際はこの直感に反しているみたいです。「VFD」は、「閉じた状態」である方が、グルタミン酸の結合する部位が表面に出るような構造になっているようなのです。

ここまでくると、イノシン酸が、グルタミン酸による旨味を強めるメカニズムについて、なんとなく予想がついたという方もいらっしゃるかもしれません。問10でご紹介しましたとおり、イノシン酸も「VFD」に結合すると言われています。そして、イノシン酸が「VFD」に結合すると、「VFD」は「閉じた状態」になると推定されています[1-2]。

では、イノシン酸はどのようにして「VFD」を「閉じた状態」にするのでしょうか。先に答えをお伝えしますと、イノシン酸と「VFD」とのあいだで、電荷的な相互作用がおこり、この相互作用によって、「VFD」の口がのり付けされることによると考えられています。

「VFD」の口の先端側には、プラスの電荷がかかっています。そして、イノシン酸のリン酸基部分はマイナスの電荷がかかっています。イノシン酸が「VFD」の口の間に入ると、これらのプラスとマイナスの電荷が引き合うことで、「VFD」の口がのり付けされると推定されているようなのです（図11.2）。

ちなみに、「VFD」を「閉じた状態」にするためには、イノシン酸のリン酸基のマイナスの電荷は２つあることが重要だと考えられます。

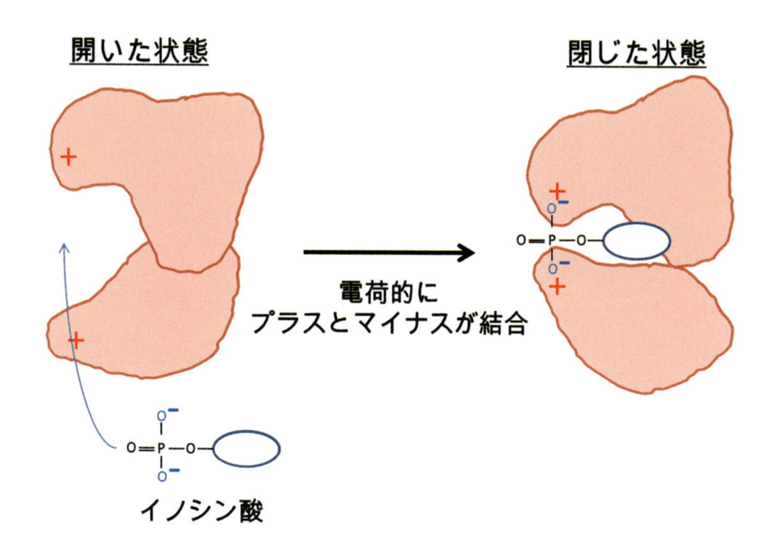

図11.2　イノシン酸が「VFD」を「閉じた状態」にする仕組みの模式図

全体を通じて、見なれない言葉がならんでいて、読みにくかったかと思います。さいごに、次のとおり、まとめたいと思います。

イノシン酸が、旨味受容体である「T1R1/T1R3受容体」の「VFD」という領域に結合すると、「VFD」は電荷的な相互作用によって「閉じた状態」になります。グルタミン酸は「VFD」が「閉じた状態」だと結合しやすくなるので、「T1R1/T1R3受容体」に受容されやすくなり、その結果、旨味を感じやすくなります。このようなメカニズムによって、イノシン酸はグルタミン酸による旨味を強めると推定されています。

《この問いで参考にした文献》

［1］ Zhang F. *et al*. 2008. Proc Natl Acad Sci USA., 105(52): 20930–20934

［2］ Toda Y. *et al*. 2013. J Biol Chem., 288(52): 36863–36877

問12　カツオ節で出汁をとりすぎた場合、出汁中のイノシン酸はどのような形態で存在すると考えられますか。また、それは、旨味を味覚するメカニズムに対して、どのような影響があると考えられますか。

【答】
「カツオ節で出汁をとりすぎた場合」ということばの意味がすこし曖昧かなと思いますので、もうすこし具体的に考えますね。ここでは、入れたカツオ節の量が多かったり、煮出す時間が長かったり、出汁の水分が蒸発したりすることで、出汁の pH が十分下がっている状態のこととします。まず、このときの pH はどれくらいなのかを見つもりたいと思います。

問６でご紹介しているとおり、カツオ出汁の pH は、入れたカツオ節の pH とほとんど一致するまで下がるのでした。カツオ節の pH は5.6程度（コラム４参照）と見つもることができますので、カツオ出汁の pH は5.6程度まで下がると考えられます。さらにここでは、それぞれのカツオ節の pH にはばらつきがあることや、出汁の水分が蒸発することで水素イオン濃度が上がることも考慮したいと思います。そこで、出汁の pH が十分下がっている状態のときの pH は、おおまかに5.2－5.6程度と見つもります。

「出汁中のイノシン酸はどのような形態で存在するのか？」についてお答えする前に、「形態」の意味をもうすこし具体的にしておきますね。ここでは、イノシン酸がもっているリン酸基から水素イオンがどれだけ外れたのかに着目して、水素イオンが１つ外れたときの形態を「第一解離態」、２つ外れたときの形態を「第二解離態」と呼びたいと思います。

ちなみに、水素イオンというプラスの電荷をもつ物質が外れることになるので、「第一解離態」のイノシン酸のリン酸基のマイナスの電荷数は1つ、「第二解離態」のイノシン酸のリン酸基のマイナスの電荷数は2つになります（表12.1）。

表12.1　イノシン酸の形態とリン酸基のマイナス電荷数

形態	構造	リン酸基のマイナス電荷数
第一解離態	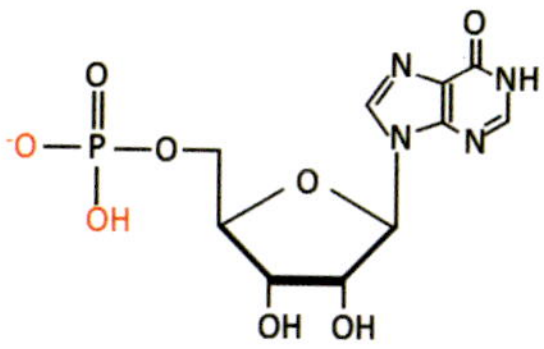	1
第二解離態	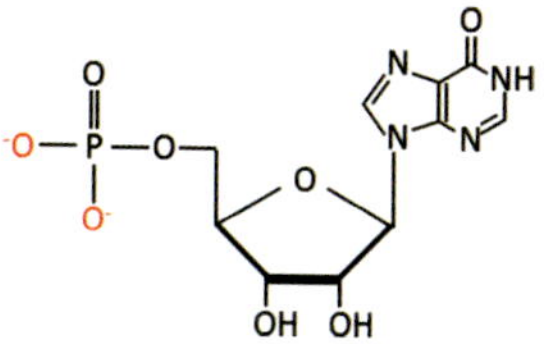	2

これでようやくはじめの問いにお答えできそうです。出汁のpHが5.2－5.6程度のときの、イノシン酸の「第一解離態」と「第二解離態」の割合を計算しますと、図12.1の赤い枠線内のとおりとなります（計算方法については、「IV　補足したいこと」の補足1をご覧ください）。

ちょっと見づらいですが、赤色の曲線がイノシン酸の「第一解離態」の存在率を表していて、出汁のpHが5.2－5.6程度のときは、その存在率が70％以上になっていることが読みとれます。このように、出汁のpHが十分下がっている状態では、イノシン酸の「第一解離態」の占める割合の方が相当高くなっているようです。

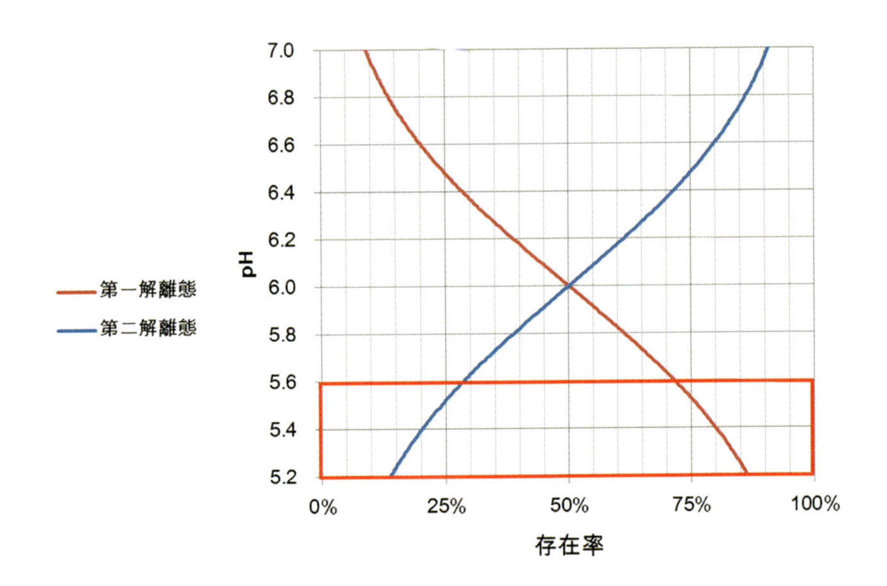

図12.1 イノシン酸の「第一解離態」と「第二解離態」の割合とpH

次に、イノシン酸の「第一解離態」の占める割合の方が相当高くなっていると、旨味を味覚するメカニズムに対してどのような影響があるかを考えたいと思います。

まず、問11のおさらいをします。グルタミン酸は、旨味受容体である「T1R1/T1R3受容体」の「VFD」という部分が「閉じた状態」だと、結合しやすくなります。つまり、「VFD」という部分が「閉じた状態」だと、グルタミン酸による旨味を感じやすくなるということです。イノシン酸はこの「VFD」という部分を「閉じた状態」にすることによって「旨味を強める」効果があります。でも、イノシン酸のリン酸基のマイナスの電荷数が２でないと、「閉じた状態」にするのに効果的ではないと考えられます（図11.2参照)。言いかえると、イノシン酸は「第二解離態」でないと、「VFD」を「閉じた状態」にするのに効果的ではないと考えられられるということです。

カツオ節で出汁をとりすぎて、出汁のpHが十分下がっている状態では、イノシン酸の「第一解離態」の占める割合が「第二解離態」の占める割合よりも相当高くなっています。「T1R1/T1R3受容体」の「VFD」を「閉じた状態」にするためには「第一解離態」よりも「第二解離態」が効果的と考えられるので、カツオ節で出汁をとりすぎて、出汁のpHが十分下がっている状態では、イノシン酸の「旨味を強める」効果は、低くなっていると考えられます。

問13　課題２について、答えをまとめると、どのようになりますか。

【答】

ちょっと専門用語が多くて読みにくいところがたくさんあったかと思います。ここまでお付き合いしていただいてありがとうございます。課題２「カツオ節で出汁をとりすぎると、なぜ旨味が弱くなるのでしょうか？」について、答えをまとめますね。

この課題の主旨から確認しますと、コンブで出汁をとった後にカツオ節を入れて煮出しすぎると、旨味が弱くなるように感じられることについて、旨味そのものに着目してそれはなぜなのかを探求するというものでした。

旨味に関係する成分を、カツオ節から出汁に溶けだす成分の中から挙げると、イノシン酸を特徴的なものとして挙げることができます。

イノシン酸は舌の表面にある「旨味受容体」の「T1R1/T1R3受容体」に結合します。イノシン酸が「T1R1/T1R3受容体」に結合すると、この受容体の構造がかわって、グルタミン酸も結合しやすくなります。グルタミン酸には「旨味を与える」効果があり、「T1R1/T1R3受容体」に結合すると、味覚神経に情報を伝えると考えられています。なので、イノシン酸がこの受容体に結合していると、グルタミン酸による旨味を感じやすくなります。このように、イノシン酸には「旨味を強める」効果があるのです。

でも、「旨味を強める」メカニズムを考慮すると、イノシン酸の化学的な形態はどのようなものでもいいというわけではなくて、「旨味を強める」のに効果的な形態があると考えられます。そして、カツオ節で出汁をとりすぎて、出汁のpHが十分下がっている状態だと、イノシン酸は「旨味を強める」のに効果的な形態をとっていないと考えられます。

そういったわけで、カツオ節で出汁をとりすぎると、イノシン酸の「旨味を強める」効果が低くなっていることから、旨味が弱くなると考えられるのです。

II-3　課題３

カツオ出汁をおいしくするには、どうしたらよいでしょうか？

この課題に答えるための小問は、次のとおりです。

		頁
問14	イノシン酸がグルタミン酸による旨味を強めるメカニズムを考慮すると、旨味を強める効果が高いと考えられるイノシン酸の形態は、どのようなものですか。	63
問15	カツオ節の出汁中のイノシン酸について、旨味を強める効果が高いと考えられるイノシン酸の形態の割合を高くするためには、どうしたらよいですか。それは、一般家庭の台所にありそうなものを使ってできることですか。	65
問16	カツオ節の出汁の pH を上げると、風味に影響はありますか。	68
問17	課題３について、答えをまとめると、どのようになりますか。	69

問14　イノシン酸がグルタミン酸による旨味を強めるメカニズムを考慮すると、旨味を強める効果が高いと考えられるイノシン酸の形態は、どのようなものですか。

【答】

問11や問12をご覧になっている方は、もうお気づきかと思いますが、イノシン酸の「第二解離態」（リン酸基のマイナスの電荷数が２つある状態）が、旨味を強める効果が高いと考えられます（「もうわかったよー」という方は、以下を読みとばしていただいてかまわないです）。

問11や問12のおさらいになりますが、グルタミン酸は、舌の表面にある「旨味受容体」の「T1R1/T1R3受容体」に結合します（図10.1参照）。そして、グルタミン酸は「T1R1/T1R3受容体」の「VFD (Venus Flytrap Domain)」という部分が「閉じた状態」だと、結合しやすいと言われています（「VFD」の形は、口に見立てるとよいです）。

イノシン酸はこの「VFD」という部分を「閉じた状態」にすることによってグルタミン酸による旨味を強める効果があります。

「VFD」という部分を「閉じた状態」にするには、プラスに荷電している口の先端を電荷的に引きつけることが重要で、マイナスに荷電しているイノシン酸のリン酸基は、電荷的な相互作用によって、「VFD」の口をのり付けすると考えられています。そして、マイナスの電荷数が２だとその効果が高いと考えられます（図11.2参照）。

ところで、本書では、イノシン酸のリン酸基のマイナスの電荷数が１である形態のことを、イノシン酸の「第一解離態」、マイナスの電荷数が２である形態のことを、イノシン酸の「第二解離態」と呼ぶことにしているのでした。

そういったわけで、イノシン酸がグルタミン酸による旨味を強めるメカニズムを考慮すると、イノシン酸の「第二解離態」は、「第一解離態」よりも、グルタミン酸による旨味を強める効果が高いと考えられるのです。

問15 カツオ節の出汁中のイノシン酸について、旨味を強める効果が高いと考えられるイノシン酸の形態の割合を高くするためには、どうしたらよいですか。それは、一般家庭の台所にありそうなものを使ってできることですか。

【答】

問14で、旨味を強める効果が高いと考えられるイノシン酸の形態は、イノシン酸の「第二解離態」であることをご紹介しました。なので、イノシン酸の「第二解離態」の割合を高めることができれば、カツオ節の出汁はもっとおいしくなるはずです。

問12で少しふれているのですが、出汁のpHが下がると、イノシン酸の「第一解離態」の割合が高くなります。なので、裏をかえすと、イノシン酸の「第二解離態」の割合を高めるには、出汁のpHを上げればよいことがわかります（図12.1をご覧いただきますと、pHが6.0よりも高くなると、「第二解離態」の割合が、「第一解離態」の割合よりも高くなることが読みとれるかと思います）。

でも、出汁のpHを上げるにはどうしたらよいでしょうか。一般家庭の台所にありそうなもので候補をあげるとしたら、重曹（炭酸水素ナトリウム；$NaHCO_3$）がよいかなと思います。

重曹を水に溶かすと、水のpHは図15.1のように変わります（ちなみに、横軸の目盛は「対数目盛」です。あと、横軸の数字は指数を意味しています。たとえば1.0.E－01は$10^{-1}=0.1$、1.0.E＋00は$10^0=1$、1.0.E＋01は$10^1=10$を意味しています）。

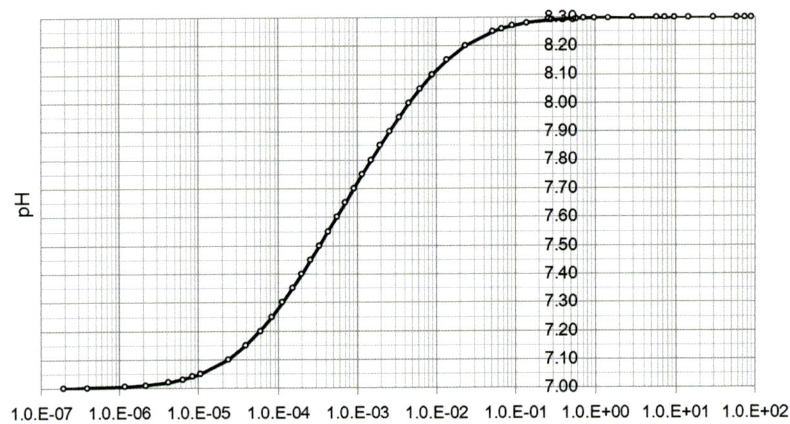

図15.1　炭酸水素ナトリウムの濃度と水の pH の関係

この図の特徴は２つあるかなと思います。１つは、重曹をたくさん入れると水の pH は上がるということ。もう１つは、たくさん入れても水の pH は8.3を上回ることはないということです。

このように、たくさん入れても強いアルカリ性にはならないので、食べ物に入れるにしても、調理の時に取り扱うにしても、重曹は安全性が高くてよいと思うのです

コラム７　ニボシ出汁の味の力強さについて

カツオ出汁とニボシ出汁を比較すると、ニボシ出汁の方が味が力強いと言われることがあります。ニボシの独特な風味も関係していると思いますが、ニボシ出汁の方がカツオ出汁よりも pH が高いことに注目です(コラム２参照)。もともと、ニボシ出汁の方がイノシン酸の「第二解離態」の割合が高いと考えられますので、ニボシ出汁の方が味が力強いと

いうのは、イノシン酸の「旨味を強める」効果が比較的高いことにも由来するかもしれないですね。

問16　カツオ節の出汁のpHを上げると、風味に影響はありますか。

【答】

文献を調べるかぎりですと、カツオ節の出汁の pH を上げると風味にどのような影響があるのかを調査した報告は、見つかりませんでした。たぶん、このような問題意識をもって研究をしている方は、あまり（まったく？）いらっしゃらないのではないかと思います。

でも、わたしの名付け親は、「経験的には、燻煙のにおいが強くなることがわかっている」と言っていました。カツオ節の燻煙のにおいは、フェノール性化合物と言われる化学物質に由来するという報告[1-3]がありますので、ひょっとしたら、出汁の pH を上げると、フェノール性化合物の状態や反応に、なにか影響をあたえるのかもしれません。

実際に調理をするときには、カツオ出汁の旨味を強めることと、風味を保つことを両立させたいですよね。なので、カツオ節のおいしい風味をそこねない程度に、出汁の pH を上げることが大切です（ちなみに、「III　調理法の提案」では、お味噌汁のレシピを紹介しています。このレシピで紹介している重曹の分量は、カツオ節のおいしい風味をあまりそこねないことが、経験的にわかっている分量です）。

《この問いで参考にした文献》

［1］　石黒恭佑ら．2001．日本食品科学工学会誌，48(8)：570–577

［2］　Doi M. *et al*. 1992. Biosci. Biotech. Biochem., 56(6): 958–960

［3］　Doi M & Shuto Y. 1995. Biosci. Biotech. Biochem., 59(12): 2324–2325

問17　課題３について、答えをまとめると、どのようになりますか。

【答】

ここまでお付き合いしていただいてありがとうございます。課題１や課題２をすでに読まれた方にとっては、あまり目あたらしいことはなかったかと思いますので、全体としては読みやすかったのではないかと思います。それでは、課題３「カツオ出汁をおいしくするには、どうしたらよいでしょうか？」について、答えをまとめます。

イノシン酸がグルタミン酸による旨味を強めるメカニズムを考慮すると、旨味を強める効果が高いと考えられるイノシン酸の形態は、イノシン酸の「第二解離態」（リン酸基のマイナスの電荷数が２つある状態）であると考えられます。

カツオ出汁中のイノシン酸は、「第一解離態」の割合が高くなっていると考えられるので、イノシン酸の「第二解離態」の割合を高めることができれば、カツオ出汁はもっとおいしくなるはずです。そして、イノシン酸の「第二解離態」の割合を高めるには、出汁の pH を上げるとよいです。

ただ、カツオ出汁の pH を上げると、経験的には、燻煙のにおいが強くなることがわかっています。カツオ出汁の旨味を強めることと、風味を保つことを両立させるためには、カツオ節のおいしい風味をそこねない程度に、出汁の pH を上げることが大切です。

一般家庭の台所にありそうなもので、カツオ出汁の pH を上げられるものの候補をあげるとしたら、重曹（炭酸水素ナトリウム；$NaHCO_3$）がよいかと思います。重曹は食べ物としても、調理の時に取り扱うにしても、安全性が高くてよいです。

これらのことから、課題３に対しては「重曹を入れて、出汁の pH を風味を保ちながら上げる」と答えます。

III

調理法の提案

ここでは、カツオ出汁を使ったお味噌汁のレシピを紹介します。
たぶんおいしくできるはずです。試してみてほしいです。

III-1　お味噌汁の作り方

ここでは、カツオ出汁を使ったお味噌汁の作り方のレシピを紹介したいと思います。まずは材料、その次に手順を紹介します。

レシピのポイントは、「重曹を入れる」ということです。重曹を入れると、カツオ出汁のpHが上がるので、カツオ出汁に含まれるイノシン酸の「旨味を強める」効果が高まると考えられます（くわしくは「II 内容」をご覧ください）。

でも、重曹を入れることによるpHの変化は、とっても繊細なので、いきおい余ってたくさん入れ過ぎないように注意してください。私の名付け親によると、重曹を入れすぎると、燻煙のにおいが強くなることが、経験的にわかっているとのことです。カツオ節のおいしい風味をそこねないように、ほんのちょっと、隠し味程度に入れることがコツです。

III-1-1　材料

お味噌汁の材料は、次の表のとおりです（表III.1）。重曹以外は、たぶん普通のお味噌汁の材料だと思います。

ちなみに、材料について補足したいことが2点あります。

⑴　コンブとカツオ節の分量について

⑵　1 mg/mLの重曹溶液の作り方について

以下で、それぞれの項目をくわしく紹介しています。特に⑵は、とても少ない量の重曹を、出汁に上手に入れるのに役立つと思います。

表 III.1　味噌汁の材料

用途	名称	分量	備考
出汁用	水	500 mL	
	コンブ	1片	
	カツオ節	1パック	お茶パック等の袋に詰めます。
具材用	玉ねぎ	1玉	小サイズを想定しています。
	三つ葉	1束	
調味用	味噌	適量	お好みの量を調整してください。
	重曹	0.5－1 mg	1 mg/mL の重曹溶液を作ります。
	食塩	適量	お好みに応じて入れてください。

(1)　コンブとカツオ節の分量について

表 III.1には、コンブとカツオ節の分量を、それぞれ1片と1パックとして載せていますが、ご家庭や調理される方によって、好みの味付けがあるかと思います。なので、普段お味噌汁を調理するときの分量で構わないです。

でも、具体的にはどれくらいの量を入れたらよいのかを知りたい方もいらっしゃるかと思います。そこで、ご参考までですが、私の名付け親が普段入れている量をご紹介したいと思います。

私の名付け親によると、「正確に秤量するのは面倒だから、いつも目分量。しかし、目分量がどれくらいになっているのかはそのつど記録している」とのことです（変なところで几帳面ですよね）。その記録をまとめたのが、次の表です（表 III.2）。水500 mL に対して、だいたい、コンブは3g、カツオ節は5g くらいの分量になっているみたいです。

そうそう。カツオ節はお茶パック等の袋に詰めることをおすすめします。煮出した後に出汁から引きあげやすくなります。

表 III.2　500 mL の水に入れるコンブとカツオ節の参考量

名称	データ数	分量［g］		
		平均値	最小値	最大値
コンブ	17	2.7	1.6	3.8
カツオ節（花カツオ）	17	4.7	3.6	6.5

(2)　1 mg/mL の重曹溶液の作り方について

表 III.1 には、重曹の分量を0.5－1 mg として載せています。でも、これってものすごく少ない量なのです。これを正確にはかり取ることができる重量計は、研究施設にあるようなとても値段の高い重量計になってしまうので、ここではちょっと工夫をしたいと思います。

その工夫とは、重曹を水に溶かして、濃度が 1 mg/mL の重曹溶液を作ることです。このようにしておくと、1 mg/mL の重曹溶液から、0.5－1 mL をはかり取って出汁に入れると、重曹を0.5－1 mg 入れたことになります。ちょうど、入れる mL 量が、入れる mg 量と同じになるということですね。

1 mg/mL の重曹溶液は、表 III.3 に例として載せているような分量で重曹を水に溶かすとできあがります。重曹をはかり取るときは、料理用のデジタル重量計を使うことをおすすめします。できれば0.1 g 単位まで表示できるものを使うとよいですが、できあがった溶液の量を気にしなければ、1 g 単位まで表示できるものでも作れます。

表 III.3　1 mg/mL の重曹溶液の作り方の例

重曹［g］	水［mL］
0.1	100
0.5	500
1.0	1,000

あと、できあがった重曹溶液は、冷蔵庫の中に入れて保存してください。日持ちはよいはずです。でも、溶液をはかり取るときに、計量スプーンや調理用のピペットなどについた食品成分や微生物などによって、思いがけず溶液をよごしてしまうことがあるかと思います。なので、作って１－２カ月くらい経ったら、念のため、新しく作り直したほうがよいです。

（でも、正直、「1 mg/mL の重曹溶液を作るのって、面倒そう」と感じられる方は、多いのではないかと思います。隠し味を生み出す調味料として、重曹溶液が普通のスーパーマーケットとかで売られていたらいいのですが）

III-1-2　手順

お味噌汁を作る手順は、次の表のとおりです（表 III.4)。全部で10の手順に整理することができました。ぜひ、試してみてください。

表 III.4　おいしいお味噌汁を作る10の手順

#	手順の項目	手順の詳細
1	コンブ浸漬	お鍋に水を500 mL 入れた後、コンブ1片を入れます。このまま、30－60分くらい浸けておきます。
2	加熱1	コンブを水に入れたまま、弱火にかけます。
3	コンブ取出	水が沸騰するまえに（細かい気泡がたくさん出始めるくらいが目安です）、火を消して、すぐにコンブをお湯から取り出します。
4	カツオ節投入	カツオ節を1パック、お湯に入れます。火を消した状態のまま、3分くらい浸けておきます。
5	カツオ節取出	カツオ節のパックを、お湯から取り出します（以下、お湯を出汁と表現します）。
6	重曹添加	1 mg/mL 重曹溶液を0.5－1 mL、出汁に加えます。 ※基本は0.5 mL です。事前に出汁の酸味を確認して、酸っぱいようでしたら、0.5 mL より多く加えてみてください。重曹溶液を加えたら、そのつど、味を確認することをおすすめします。
7	具材投入	事前にきざんでおいた、玉ねぎ1玉と三つ葉1束を、出汁に入れます。
8	加熱2	弱火で出汁を加熱します。出汁が沸騰したら、火を消します。
9	調味	味噌を出汁に適量入れて、よく混ぜあわせます。 ※お好みに応じて、食塩で味を調えてください。
10	放冷	5－10分くらい冷まして、お味噌汁の完成です。

IV

補足したいこと

ここでは、研究について補足したいことを紹介します。すこし（かなり？）専門的な内容を含みます。もしもご関心がありましたら、目をとおしてくださると、とてもうれしいです。

研究について補足したいことは次のとおりです。

		頁
補足１	プロトン供与態とプロトン受容態の割合と、pH との関係について	82
補足２	出汁の酸味に関係しそうな成分の出汁への溶出量の推定について	85
補足３	カツオ節の投入量と出汁の pH との関係について	90

補足1　プロトン供与態とプロトン受容態の割合と、pH との関係について

ここでは、ある化学物質のプロトン供与態とプロトン受容態の割合が、pH が変化することでどのように変わるのかを算出するための計算式を導きだします。

「II　内容」では、しばしば、出汁に含まれる成分のプロトン供与態とプロトン受容態の割合を紹介していました（問4、問12参照）。この割合は、これからご紹介する計算式に基づいて算出しているのです。

以下で、計算式の導き方を、くわしくご紹介します。

1　ある化学物質 HA が、水の中で水素イオンを解離するときの平衡反応を、次のように記述します。この反応では、HA がプロトン供与態、A^-がプロトン受容態です。

$$HA \rightleftarrows A^- + H^+ \qquad \text{（反応S1.1）}$$

2　この反応の酸解離定数を K_a とすると、酸解離定数 K_a と各物質の濃度（単位は［mol/L］）との関係は、次の式で表されます（式 S1.1）。

$$K_a = \frac{[A^-][H^+]}{[HA]} \qquad \text{（式S1.1）}$$

3　式 S1.1の両辺について、常用対数をとると、式 S1.2を得ます。

$$\log K_a = \log \frac{[A^-][H^+]}{[HA]} \qquad \text{（式S1.2）}$$

4　式 S1.2を変形すると、式 S1.3を得ます。

$$-\log[H^+] = -\log K_a + \log \frac{[A^-]}{[HA]} \qquad (式S1.3)$$

5　$-\log[H^+]$ を pH、$-\log K_a$ を pK_a と表現すると式 S1.4を得ます。この式のことを特に、ヘンダーソン・ハッセルバルヒ（Henderson-Hasselbalch）の式と言います。

$$pH = pK_a + \log \frac{[A^-]}{[HA]} \qquad (式S1.4)$$

6　式 S1.4を変形し、対数を指数に変換すると、式 S1.5を得ます。これは、ある化学物質が水素を解離するときの平衡反応の pK_a の値と、その反応が起こっているときの水の pH の値を用いると、その反応におけるプロトン供与態とプロトン受容態の比率を算出できることを意味しています。

$$\frac{[A^-]}{[HA]} = 10^{pH-pK_a} \qquad (式S1.5)$$

7　そこで、式 S1.5を用いて、ある化学物質全体に占めるプロトン供与態の割合（R_d とします）を求めると式 S1.6、ある化学物質全体に占めるプロトン受容態の割合（R_r とします）を求めると式 S1.7を得られます。

$$R_d = \frac{[HA]}{[HA]+[A^-]} = \frac{1}{1+10^{pH-pK_a}} \qquad (式S1.6)$$

$$R_r = \frac{[A^-]}{[HA]+[A^-]} = \frac{10^{pH-pK_a}}{1+10^{pH-pK_a}} \qquad (式S1.7)$$

8　ここで、出汁に含まれる各成分が、水素を解離するときの平衡反応の pK_a を表 S1.1 に整理します。

表 S1.1　出汁に含まれる各成分が水素を解離するときの平衡反応の pK_a

物質名	反応	pK_a
ヒスチジン	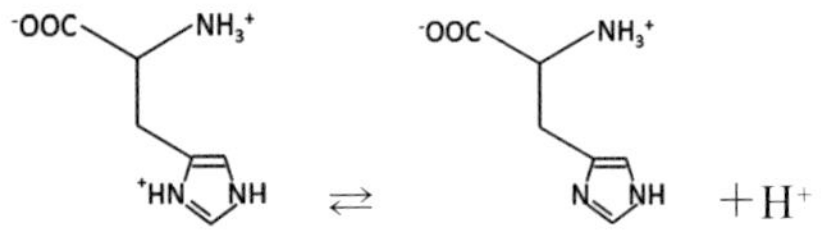 $\rightleftarrows$ $+\mathrm{H}^+$	6.0
乳酸	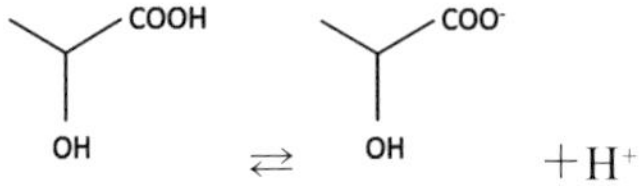 $\rightleftarrows$ $+\mathrm{H}^+$	3.9
イノシン酸	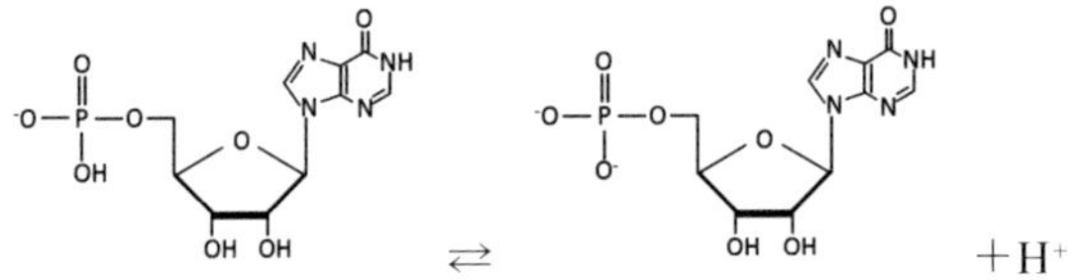 $\rightleftarrows$ $+\mathrm{H}^+$	6.0
リン酸	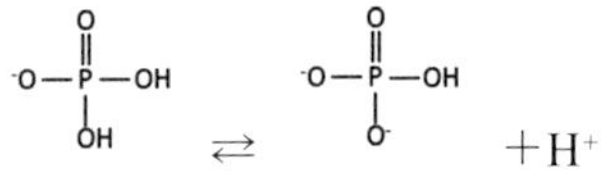 $\rightleftarrows$ $+\mathrm{H}^+$	7.2

9　式 S1.6、式 S1.7、表 S1.1 を用いると、任意の pH における、出汁に含まれる各成分のプロトン供与態とプロトン受容態の割合を求めることができます（たとえば、pH が 5.6 の場合であれば、問 4 の表 4.1 を得ることができるのです）。

《この補足で参考にした文献》

［1］ Robert Horton H. *et al.* 著．鈴木紘一ら監訳．2004．ホートン　生化学（第 3 版）．東京化学同人
［2］ 松野武夫．1970．調理科学、3(3)：168–176

補足２　出汁の酸味に関係しそうな成分の出汁への溶出量の推定について

問５の表5.1で、カツオ出汁の酸味に関係しそうな成分（ヒスチジン、乳酸、イノシン酸、リン酸）の出汁への溶出量の平均値などをご紹介しました。また、コラム５の表C5.1で、ニボシ出汁についても、これらの成分の溶出量の平均値などをご紹介しました。

ここでは、これらの溶出量の平均値などを推定するために集めた情報と、リン酸の溶出量の推定方法を、ご紹介します。

カツオ出汁について

1　カツオ節から出汁をとるときの溶出条件（カツオ節と水の重量比、溶出温度、溶出時間）について情報を集め、できるかぎり、溶出条件が近い報告を選び出しました。

2　出汁の酸味に関係しそうな成分のうち、ヒスチジン、乳酸、イノシン酸については、文献で報告されている値を集めました。

3　リン酸については適当な文献値が見あたらなかったことから、アデノシン三リン酸がヒポキサンチンに分解される過程（コラム３参照）で生成すると考え、その過程の分解物についても、溶出量の情報を集めました。

4　１、２、３の情報を表S2.1に整理しました。溶出量の有効数字は３ケタまでとしました。また、溶出量の単位を、各報告の情報をもとに［mg/100ｇカツオ節］に換算し、統一しました。

5　なお、表中の赤字斜体の数値は推定した値です。文献番号[1]と文献番号[3]の各報告で、アデノシン三リン酸からヒポキサンチンへの分解は同じ程度進んでいると仮定して、文献番号[1]のイノシン酸

表 S2.1　カツオ出汁の溶出条件と各成分の溶出量のデータセット

文献番号		[1]	[2]	[3]	[3]
試料名		—	—	B2	B4
溶出条件	カツオ節［g］	150	20	10	20
	水［mL］	3,000	1,000	500	500
	重量比［%］	5	2	2	4
	温度［℃］	100	100	100	100
	時間［分］	3	1	1	1
溶出量［mg/100 g カツオ節］	ヒスチジン	1,530	1,250	1,870	1,740
	乳酸	—	—	3,130	2,970
	ADP	2	—	*3*	*3*
	AMP	19	—	*30*	*29*
	IMP	424	—	650	625
	HxR	82	—	*126*	*121*
	Hx	25	—	*39*	*37*

※ ADP 以下の物質がアデノシン三リン酸からの分解物です。また、略称の意味は次のとおりです。ADP：アデノシン二リン酸、AMP：アデノシン一リン酸、IMP：イノシン酸、HxR：イノシン、Hx：ヒポキサンチン

とアデノシン三リン酸の各分解物の溶出量の比率をもとに、文献番号[3]のイノシン酸の溶出量から推定しました。

6　リン酸の溶出量は、アデノシン三リン酸の各分解物（ADP、AMP、IMP、HxR、Hx）の溶出量の平均値をもとに推定することとしました。

7　リン酸の溶出量を推定するため、アデノシン三リン酸の各分解物の溶出量の平均値の濃度を、各分解物の分子量を用いて、［mol/100 g カツオ節］に変換しました。

8　さらに、アデノシン三リン酸の各分解物 1 分子から解離する、リン酸の分子数を整理しました。

9　6、7、8の情報を表S2.2に整理しました。そして、表中の赤字斜体のとおり、リン酸の溶出量を推定しました（有効数字は2ケタとしました）。

表S2.2　カツオ出汁でのリン酸の溶出量の推定

物質名	分子量	溶出量（平均値）		リン酸解離数	リン酸解離量
	g/mol	［mg/100g カツオ節］	［mol/100g カツオ節］	一分子あたり	［mol/100g カツオ節］
ADP	427	3	6.6×10^{-6}	1	6.6×10^{-6}
AMP	347	26	7.5×10^{-5}	2	1.5×10^{-4}
IMP	348	570	1.6×10^{-3}	2	3.3×10^{-3}
HxR	268	110	4.1×10^{-4}	3	1.2×10^{-3}
Hx	136	34	2.5×10^{-4}	3	7.4×10^{-4}
リン酸	98	*530*	*5.4×10^{-3}*	（合計）	5.4×10^{-3}

※リン酸の溶出量は、アデノシン三リン酸の各分解物のリン酸解離量を合計することで得られます。この合計値の単位は［mol/100g カツオ節］なので、リン酸の分子量を用いて、［mg/100g カツオ節］に変換しました。

10　なお、ここではリン酸の溶出量を、アデノシン三リン酸が分解される過程でリン酸が生成することに基づき推定していますが、実際にはアデノシン三リン酸以外の食品成分に由来するリン酸も、出汁に溶出していると考えられます。なので、この推定量は見つもりとしては過小量であることを、ご留意ください。

11　このようにして、問5の表5.1のヒスチジン、乳酸、イノシン酸の溶出量に関する各統計量については表S2.1をもとに、リン酸の溶出量については表S2.2をもとに推定しました（ちなみに、表5.1では、計算のときの使いやすさの都合で、単位を100gのカツオ節あたりではなく、1gのカツオ節あたりにしました)。

(再掲) 表5.1 カツオ節中の各成分の出汁への溶出量の推定

名称	データ数	出汁への溶出量［mg/g カツオ節］		
		平均値	95%信頼区間 (平均値)	
			下限値	上限値
ヒスチジン	4	16	13	19
乳酸	2	30	29	32
イノシン酸	3	5.7	4.2	7.1
リン酸	―	5.3	―	―

ニボシ出汁について

12 コラム5でご紹介したニボシ出汁については、溶出条件が近い報告から、ヒスチジン、乳酸、イノシン酸、リン酸の溶出量に関する情報を集めることができました。

13 12の情報を表S2.3に整理しました。一部、グラフから読み取った数値があるので、溶出量の有効数字は2ケタまでとしました。また、溶出量の単位を、各報告の情報をもとに［mg/100g ニボシ］に換算し、統一しました。

14 表S2.3に基づいて、コラム5の表C5.1のヒスチジン、乳酸、イノシン酸、リン酸の溶出量に関する各統計量を、推定しました（ちなみに、表C5.1では、計算のときの使いやすさの都合で、単位を100gのニボシあたりではなく、1gのニボシあたりにしました)。

《この補足で参考にした文献》

［1］ 山崎吉郎．1994．日本家政学会誌，45(1)：41–45

表 S2.3　ニボシ出汁の溶出条件と各成分の溶出量のデータセット

文献番号		[3]	[3]	[3]	[4]
試料名		S2	S3	S4	―
溶出条件	ニボシ [g]	10	15	20	18
	水 [mL]	500	500	500	600
	重量比 [%]	2	3	4	3
	温度 [℃]	100	100	100	100
	時間 [分]	9.5	9.5	9.5	10
溶出量 [mg/100 g ニボシ]	ヒスチジン	330	330	420	250
	乳酸	910	950	810	730
	IMP	650	670	500	430
	リン酸	―	―	―	600

※ IMP はイノシン酸の略称です。

（再掲）表 C5.1　ニボシ中の各成分の出汁への溶出量の推定

名称	データ数	出汁への溶出量 [mg/g ニボシ]		
		平均値	95%信頼区間（平均値）	
			下限値	上限値
ヒスチジン	4	3.3	2.6	4.0
乳酸	4	8.5	7.5	9.5
イノシン酸	4	5.6	4.5	6.8
リン酸	1	6.0	―	―

[2]　高岡素子．2008．浦上財団研究報告書，16：104–118
[3]　柴田圭子ら．2008．日本調理科学会誌，41(5)：304–312
[4]　脇田美佳ら．1991．日本家政学会誌，42(12)：1051–1057

補足３　カツオ節の投入量と出汁の pH との関係について

ここでは、カツオ節の投入量と出汁の pH との関係に関する理論式を導き出します。

問６で、「もしもカツオ節の pH が5.2でしたら、出汁の pH は5.2を下回ることはないです」と紹介していましたように、出汁の pH がカツオ節の pH よりも下回ることはないということは、理論式から導き出されるとっても重要な性質の１つなのです。また、問７でご紹介しましたように、計算項の「項の寄与率」を調べることで、カツオ出汁の酸味に関係しそうな成分のうち、どの成分の寄与が大きいのかを、数学的に評価することもできるのです。

わたしの名付け親は、「この補足３に最も労力を割いた。理論式を構築することができたのは、食品科学者（Food Scientist）としての冥利に尽きる」というようなことを言っています。内容の専門性が高いので、そのすごさがすこし伝わりにくいかと思いますが、「本書のなかでも思い入れがあるところなんですよ」ということと、「あたりまえのように食べているものでも、科学的にとらえると、とても奥が深い世界があるんですよ」ということが伝わると、うれしいです。

以下で、少し長くなりますが、くわしくご紹介します。

主な表記について

1　カツオ出汁の酸味に関係しそうな成分（ヒスチジン、乳酸、イノシン酸、リン酸）のプロトン供与態とプロトン受容態を、表 S3.1の記号の欄のとおり表記することにします。

2　また、各成分のプロトン供与態とプロトン受容態が、カツオ節から出汁に溶け出すときの初期濃度と、平衡状態に至ったときの濃度（単位は［mol/L］）を、表 S3.1の濃度の欄のとおり表記することにします。

仮定について

3　各成分のプロトン供与態とプロトン受容態のうち、同一分子内で電荷がつりあっていないものについては、カツオ節中では全てナトリウム塩または塩化物の塩として結晶になっているものとします。

4　なお、3の仮定は計算を簡単にするために便宜的においたものです。本当は、他のイオンによる塩も生じていると考えられますが、ナトリウム塩又は塩化物の塩だけとした場合でも、他のイオンによる塩が混在しているとした場合でも、最終的な計算結果は同じになるので、3のとおりとしました。

反応について

5　カツオ節を水の中に入れると、水中に溶け出した各成分のプロトン供与態とプロトン受容態の塩は、すみやかに表 S3.2のように電離します。

6　カツオ節から、水中に溶け出した各成分のプロトン供与態とプロトン受容態は、表 S3.3のように反応し、平衡状態に至ります。

7　なお、各反応は水素イオンを解離する反応なので、各反応には酸解離定数（単位は［mol/L］）が存在します。そこで、各反応の酸解離定数を表 S3.3のように、表記することとします（なお、各反応の酸解離定数の具体的な数値は、補足１の表 S1.1のとおりです）。

表 S3.1　カツオ出汁中の各成分の表記について

名称	形態	構造	記号	濃度［mol/L］	
				初期	平衡
ヒスチジン	プロトン供与態	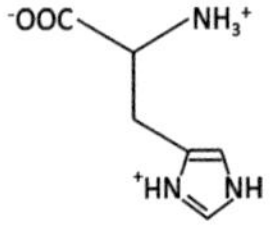 ^-OOC, NH_3^+, ^+HN, NH	H_α	$[H_\alpha]_0$	$[H_\alpha]$
	プロトン受容態	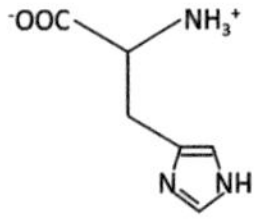 ^-OOC, NH_3^+, N, NH	H_β	$[H_\beta]_0$	$[H_\beta]$
乳酸	プロトン供与態	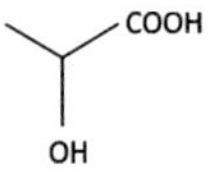 COOH, OH	L_α	$[L_\alpha]_0$	$[L_\alpha]$
	プロトン受容態	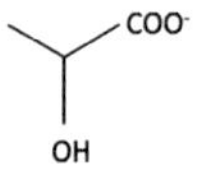 COO^-, OH	L_β	$[L_\beta]_0$	$[L_\beta]$
イノシン酸	プロトン供与態	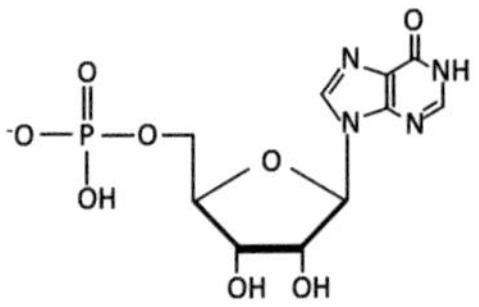 O, ^-O, P, O, OH, O, N, N, NH, N, OH, OH	I_α	$[I_\alpha]_0$	$[I_\alpha]$
	プロトン受容態	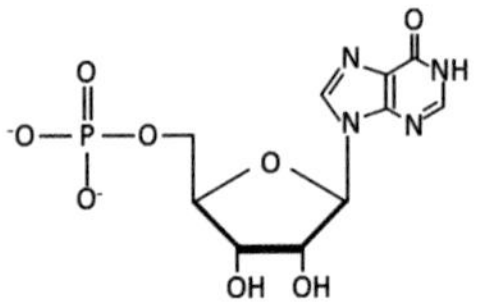 O, ^-O, P, O, O^-, O, N, N, NH, N, OH, OH	I_β	$[I_\beta]_0$	$[I_\beta]$
リン酸	プロトン供与態	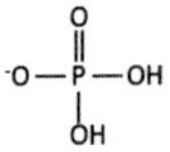 O, ^-O, P, OH, OH	P_α	$[P_\alpha]_0$	$[P_\alpha]$
	プロトン受容態	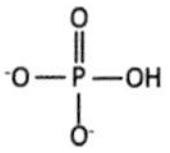 O, ^-O, P, OH, O^-	P_β	$[P_\beta]_0$	$[P_\beta]$

表 S3.2　各成分のプロトン供与態とプロトン受容態の塩の電離反応

名称	形態	反応	
ヒスチジン	プロトン供与態	$H_\alpha Cl \rightarrow H_\alpha + Cl^-$	（反応 S3.1）
	プロトン受容態	－	
乳酸	プロトン供与態	－	
	プロトン受容態	$NaL_\beta \rightarrow Na^+ + L_\beta$	（反応 S3.2）
イノシン酸	プロトン供与態	$NaI_\alpha \rightarrow Na^+ + I_\alpha$	（反応 S3.3）
	プロトン受容態	$Na_2I_\beta \rightarrow 2Na^+ + I_\beta$	（反応 S3.4）
リン酸	プロトン供与態	$NaP_\alpha \rightarrow Na^+ + P_\alpha$	（反応 S3.5）
	プロトン受容態	$Na_2P_\beta \rightarrow 2Na^+ + P_\beta$	（反応 S3.6）

表 S3.3　各成分が水素イオンを解離するときの平衡反応と酸解離定数

名称	反応	酸解離定数	
ヒスチジン	$H_\alpha \rightleftarrows H_\beta + H^+$	$K_{a,H}$	（反応 S3.7）
乳酸	$L_\alpha \rightleftarrows L_\beta + H^+$	$K_{a,L}$	（反応 S3.8）
イノシン酸	$I_\alpha \rightleftarrows I_\beta + H^+$	$K_{a,I}$	（反応 S3.9）
リン酸	$P_\alpha \rightleftarrows P_\beta + H^+$	$K_{a,P}$	（反応 S3.10）

基礎的な関係式について

8　表 S3.3でお示しした水素イオンが解離する反応（反応 S3.7－反応 S3.10）について、反応が平衡状態に至ったときを考えます。このとき、各成分の酸解離定数と、反応に関係する物質の濃度との間には、表 S3.4の関係式が成立します。

表 S3.4　各成分が水素イオンを解離するときの平衡反応式

名称	関係式	
ヒスチジン	$K_{a,H}=\dfrac{[H_\beta][H^+]}{[H_\alpha]}$	(式 S3.1)
乳酸	$K_{a,L}=\dfrac{[L_\beta][H^+]}{[L_\alpha]}$	(式 S3.2)
イノシン酸	$K_{a,I}=\dfrac{[I_\beta][H^+]}{[I_\alpha]}$	(式 S3.3)
リン酸	$K_{a,P}=\dfrac{[P_\beta][H^+]}{[P_\alpha]}$	(式 S3.4)

9　平衡状態と初期状態とで、水溶液中の物質量は保存することから、表 S3.5の関係式が成立します。

表 S3.5　物質量の保存に関する関係式

名称	関係式	
ヒスチジン	$[H_\alpha]+[H_\beta]=[H_\alpha]_0+[H_\beta]_0$	(式 S3.5)
乳酸	$[L_\alpha]+[L_\beta]=[L_\alpha]_0+[L_\beta]_0$	(式 S3.6)
イノシン酸	$[I_\alpha]+[I_\beta]=[I_\alpha]_0+[I_\beta]_0$	(式 S3.7)
リン酸	$[P_\alpha]+[P_\beta]=[P_\alpha]_0+[P_\beta]_0$	(式 S3.8)
Na^+	$[Na^+]=[L_\beta]_0+[I_\alpha]_0+2[I_\beta]_0+[P_\alpha]_0+2[P_\beta]_0$	(式 S3.9)
Cl^-	$[Cl^-]=[H_\alpha]_0$	(式 S3.10)

10　水溶液中のプラスの電荷とマイナスの電荷はつりあうことから、式 S3.11が成立します。

$$[\mathrm{H^+}]+[\mathrm{Na^+}]+[\mathrm{H_\alpha}]$$

$$=[\mathrm{OH^-}]+[\mathrm{Cl^-}]+[\mathrm{L_\beta}]+[\mathrm{I_\alpha}]+2[\mathrm{I_\beta}]+[\mathrm{P_\alpha}]+2[\mathrm{P_\beta}] \qquad \text{(式S3.11)}$$

11　水の酸解離定数を K_w と表記すると、式 S3.12が成立します。

$$K_w=[\mathrm{H^+}][\mathrm{OH^-}] \qquad \text{(式S3.12)}$$

12　ちなみに、式 S3.12の関係式のことを、特に「水のイオン積」と言います。また、K_w は 1.0×10^{-14} の定数です。

関係式の変形について

13　式 S3.1から式 S3.10を用い、式 S3.11の項を、水素イオン（$[\mathrm{H^+}]$）、水酸化物イオン（$[\mathrm{OH^-}]$）、各成分のプロトン供与態とプロトン受容態の初期濃度の項によって記述し直すと、次の関係式が得られます。

$$[\mathrm{H^+}]=[\mathrm{OH^-}]+\sigma \qquad \text{(式S3.13)}$$

なお、σ の内訳は次式のとおりです（総和の演算子を用い、整理しました）。

$$\sigma=\sum\left\{[\mathrm{X_\alpha}]_0\left(\frac{1}{1+\frac{[\mathrm{H^+}]}{K_{a,X}}}\right)-[\mathrm{X_\beta}]_0\left(\frac{\frac{[\mathrm{H^+}]}{K_{a,H}}}{1+\frac{[\mathrm{H^+}]}{K_{a,X}}}\right)\right\} \qquad \text{(式S3.12.1)}$$

（ただし、X = H, L, I, P）

「カツオ節からの溶出量」の導入

14　ここで、1Lの純水に、Mgのカツオ節を投入する場合を考えます。

15　カツオ節1gから、各成分のプロトン供与態とプロトン受容態が溶け出す量を、「カツオ節からの溶出量」（単位は［mol/g］）と定義し、それぞれ表S3.6のとおり表記することとします。

表 S3.6 「カツオ節からの溶出量」のパラメータの定義

名称	形態	カツオ節からの溶出量［mol/g］
ヒスチジン	プロトン供与態	$\varepsilon_{H,\alpha}$
	プロトン受容態	$\varepsilon_{H,\beta}$
乳酸	プロトン供与態	$\varepsilon_{L,\alpha}$
	プロトン受容態	$\varepsilon_{L,\beta}$
イノシン酸	プロトン供与態	$\varepsilon_{I,\alpha}$
	プロトン受容態	$\varepsilon_{I,\beta}$
リン酸	プロトン供与態	$\varepsilon_{P,\alpha}$
	プロトン受容態	$\varepsilon_{P,\beta}$

16　なお、それぞれの「カツオ節からの溶出量」は、「補足1」と「補足2」の情報から推定できます（「補足2」の表5.1の「出汁への溶出量」をプロトン供与態とプロトン受容態の溶出量の合計量とします。「補足1」の式S1.6、式S1.7により、任意のpHのカツオ節における、各成分のプロトン供与態とプロトン受容態の割合を求めることができるので、合計量に割合をかければ、それぞれの「カツオ節からの溶出量」を求められるのです。ただし、表5.1の「出汁への溶出量」の単位を「mg/g カツオ節」から「mol/g カツオ節」に変換する必要があります）。

17　Ｍgのカツオ節を１Ｌの純水に投入した時の、各成分のプロトン供与態とプロトン受容態の初期濃度と「カツオ節からの溶出量」の間には、次の関係があります。

$$[X_i]_0 = \varepsilon_{X,i} \times M \quad \text{(式S3.14)}$$

（ただし、iはαまたはβ、XはH, L, I, Pのいずれか）

18　式S3.14を用い、式S3.12.1を変形すると、次式が得られます。

$$\sigma = M \sum \left\{ \varepsilon_{X,\alpha} \left(\frac{1}{1+\frac{[H^+]}{K_{a,X}}} \right) - \varepsilon_{X,\beta} \left(\frac{\frac{[H^+]}{K_{a,X}}}{1+\frac{[H^+]}{K_{a,X}}} \right) \right\} \quad \text{(式S3.12.2)}$$

（ただし、X＝H, L, I, P）

カツオ節の投入量と水素イオン濃度との関係式について

19　式S3.12に、式S3.13と式S3.12.2を代入し、カツオ節の投入量Ｍについて解くと、次の関係式を得ます。

$$M = \frac{[H^+] - \frac{K_w}{[H^+]}}{\sum \left\{ \varepsilon_{X,\alpha} \left(\frac{1}{1+\frac{[H^+]}{K_{a,X}}} \right) - \varepsilon_{X,\beta} \left(\frac{\frac{[H^+]}{K_{a,X}}}{1+\frac{[H^+]}{K_{a,X}}} \right) \right\}} \quad \text{(式S3.15)}$$

（ただし、X＝H, L, I, P）

20　式S3.15は、カツオ節の投入量と水素イオン濃度（つまりpH）の関係を理論的に調べるための基本式となります。

21　ちなみに、今回はヒスチジン、乳酸、イノシン酸、リン酸の４成分の項が分母の総和の演算子の中に入っていますが、分母の部分には「線形拡張性」というものがあります。例えば、ある成分Yが、ヒスチジン、乳酸、イノシン酸、リン酸と同様の酸解離反応をするのであれば、X ＝ H, L, I, P, Y として、総和の項に加えることができるのです。より厳密に理論シミュレーションをしたい場合は、このようにして多成分系を取り扱うことができます。

出汁のpHが理論的に取り得る範囲について

22　式 S3.15の分母には、15で定義した、各成分のプロトン供与態とプロトン受容態に関する「カツオ節からの溶出量」のパラメータが含まれています。ここで、各成分のプロトン供与態とプロトン受容態の「カツオ節からの溶出量」の合計量を用いて、式 S3.15を書き換えることを試みます。

23　各成分のプロトン供与態とプロトン受容態の「カツオ節からの溶出量」の合計量を、次の式のとおり定義します。

$$\varepsilon_X = \varepsilon_{X,\alpha} + \varepsilon_{X,\beta} \qquad \text{(式S3.16)}$$

（ただし、X は H, L, I, P のいずれか）

24　カツオ節の pH が pH_B（$=-\log[H^+]_B$）のとき、「補足 1 」の式 S1.6、式 S1.7、表 S3.3の酸解離定数、式 S3.16の合計量の定義から、表 S3.7を得ます。

25　表 S3.7を用い、各成分のプロトン供与態とプロトン受容態の「カツオ節からの溶出量」の合計量を用いて、式 S3.15を書き換えると、次の関係式を得ます。

表 S3.7　「カツオ節からの溶出量」のパラメータの再定義

名称	形態	カツオ節からの溶出量［mol/g］
ヒスチジン	プロトン供与態	$\dfrac{1}{1+10^{\mathrm{pH_B}-\mathrm{p}K_{\mathrm{a,H}}}}\times\varepsilon_{\mathrm{H}}\ (=\varepsilon_{\mathrm{H},\alpha})$
	プロトン受容態	$\dfrac{10^{\mathrm{pH_B}-\mathrm{p}K_{\mathrm{a,H}}}}{1+10^{\mathrm{pH_B}-\mathrm{p}K_{\mathrm{a,H}}}}\times\varepsilon_{\mathrm{H}}\ (=\varepsilon_{\mathrm{H},\beta})$
乳酸	プロトン供与態	$\dfrac{1}{1+10^{\mathrm{pH_B}-\mathrm{p}K_{\mathrm{a,L}}}}\times\varepsilon_{\mathrm{L}}\ (=\varepsilon_{\mathrm{L},\alpha})$
	プロトン受容態	$\dfrac{10^{\mathrm{pH_B}-\mathrm{p}K_{\mathrm{a,L}}}}{1+10^{\mathrm{pH_B}-\mathrm{p}K_{\mathrm{a,L}}}}\times\varepsilon_{\mathrm{L}}\ (=\varepsilon_{\mathrm{L},\beta})$
イノシン酸	プロトン供与態	$\dfrac{1}{1+10^{\mathrm{pH_B}-\mathrm{p}K_{\mathrm{a,I}}}}\times\varepsilon_{\mathrm{I}}\ (=\varepsilon_{\mathrm{I},\alpha})$
	プロトン受容態	$\dfrac{10^{\mathrm{pH_B}-\mathrm{p}K_{\mathrm{a,I}}}}{1+10^{\mathrm{pH_B}-\mathrm{p}K_{\mathrm{a,I}}}}\times\varepsilon_{\mathrm{I}}\ (=\varepsilon_{\mathrm{I},\beta})$
リン酸	プロトン供与態	$\dfrac{1}{1+10^{\mathrm{pH_B}-\mathrm{p}K_{\mathrm{a,P}}}}\times\varepsilon_{\mathrm{P}}\ (=\varepsilon_{\mathrm{P},\alpha})$
	プロトン受容態	$\dfrac{10^{\mathrm{pH_B}-\mathrm{p}K_{\mathrm{a,P}}}}{1+10^{\mathrm{pH_B}-\mathrm{p}K_{\mathrm{a,P}}}}\times\varepsilon_{\mathrm{P}}\ (=\varepsilon_{\mathrm{P},\beta})$

$$\mathrm{M}=\left\{\frac{[\mathrm{H^+}]-\dfrac{K_{\mathrm{W}}}{[\mathrm{H^+}]}}{1-\dfrac{[\mathrm{H^+}]}{[\mathrm{H^+}]_{\mathrm{B}}}}\right\}\times\frac{1}{\Sigma\left\{\dfrac{\varepsilon_{\mathrm{X}}}{\left(1+\dfrac{K_{\mathrm{a,X}}}{[\mathrm{H^+}]_{\mathrm{B}}}\right)\left(1+\dfrac{[\mathrm{H^+}]}{K_{\mathrm{a,X}}}\right)}\right\}} \quad \text{（式S3.17）}$$

（ただし、X ＝ H, L, I, P）

26　カツオ節の投入量Mは、その意味からM＞0でなければならないので、式 S3.17より、次の関係式が成立する必要があります。

$$\frac{[H^+]-\frac{K_W}{[H^+]}}{1-\frac{[H^+]}{[H^+]_B}}>0 \qquad \text{(式S3.18)}$$

27　カツオ節が酸性であることを考慮すると、式 S3.18の関係が成立する出汁の水素イオンの範囲は、次式のとおりです。

$$\sqrt{K_w}<[H^+]<[H^+]_B \qquad \text{(式S3.19)}$$

28　出汁の水素イオンの範囲を pH の範囲に変換すると、式 S3.20を得ます（なお、K_w は1.0×10^{-14}の定数であることを用いています）。

$$pH_B<pH<7 \qquad \text{(式S3.20)}$$

29　式 S3.20より、出汁の pH が理論的に取り得る範囲は、7よりも低く、カツオ節の pH（pH_B）よりも高いことが言えます。なので、どんなにたくさんの量のカツオ節を水に入れて出汁をとったとしても、出汁の pH は、もともとのカツオ節の pH を下回ることはないのです。

各成分のプロトン供与態とプロトン受容態の「項の寄与率」について

30　カツオ節の投入量と水素イオン濃度の関係式である式 S3.15の分母は、各成分のプロトン供与態とプロトン受容体の項の総和によって成立しています。

31　ここで、各成分のプロトン供与態やプロトン受容体の各項の大きさが、分母の大きさにどれくらい寄与しているのかを求めれば、各項が式 S3.15でどれくらい影響力のある項なのかを評価することができます。

32　そこで、各成分のプロトン供与態やプロトン受容体の各項の大きさが、分母の大きさに占める割合のことを「項の寄与率」と定義します。

33　プロトン供与態の場合、各成分の「項の寄与率」は次式によって求められます。

$$\frac{\varepsilon_{X,\alpha}\left(\dfrac{1}{1+\dfrac{[H^+]}{K_{a,X}}}\right)}{\sum\left\{\varepsilon_{X,\alpha}\left(\dfrac{1}{1+\dfrac{[H^+]}{K_{a,X}}}\right)+\varepsilon_{X,\beta}\left(\dfrac{\dfrac{[H^+]}{K_{a,X}}}{1+\dfrac{[H^+]}{K_{a,X}}}\right)\right\}} \quad \text{（式S3.21）}$$

（ただし、X = H, L, I, P）

34　プロトン受容態の場合、各成分の「項の寄与率」は次式によって求められます。

$$\frac{\varepsilon_{X,\beta}\left(\dfrac{\dfrac{[H^+]}{K_{a,X}}}{1+\dfrac{[H^+]}{K_{a,X}}}\right)}{\sum\left\{\varepsilon_{X,\alpha}\left(\dfrac{1}{1+\dfrac{[H^+]}{K_{a,X}}}\right)+\varepsilon_{X,\beta}\left(\dfrac{\dfrac{[H^+]}{K_{a,X}}}{1+\dfrac{[H^+]}{K_{a,X}}}\right)\right\}} \quad \text{（式S3.22）}$$

（ただし、X = H, L, I, P）

35　このようにして算出した「項の寄与率」を使うと、カツオ出汁の酸味に関係しそうな成分のうち、どの成分の寄与が大きいのかを、数学的に評価できるのです。

追補

36　以上は、カツオ出汁について記述したものになっていますが、ニボシ出汁などの他の出汁でも同様の論理が成立しますので、他の出汁でもこれらの関係式を適用することができます（なので、コラム５でニボシ出汁についても紹介できたのです）。

おわりに

さいごまで読みすすめてくださり、ありがとうございます。「カツオ出汁を食品科学的においしくするための研究」、いかがでしたか？

「出汁を科学的にとらえると、けっこう奥が深い世界があるんだね」
「なんかよくわからなかったけど、お味噌汁の作り方はわかったよ」
「末文から読むのが趣味なので、ここから読み始めたよ」

などなど、さまざまな感想をいだかれたのではないかと思います。何か１つでもみなさまの印象に残るものがあれば幸いです。

食品は、ふだん、あたりまえのようにわたしたちが食べているものです。でも、あたりまえ過ぎると、かえってよくわからないことが多いものです。
「そのような、『あたりまえ』のことに隠れている謎を、ひも解いていくおもしろさが、食品科学にはあるんですよー」ということが、みなさまに少しでも伝われば、とてもうれしいです。
食品についての科学的な知見は、かならずしも社会や生活の役に立つわけではありません。でも、社会や生活の役にかならず立たなければならないというわけでもないと思います。少なくとも、ふだん食べている食品を、もっと味わい深いものにすることができると思っています。そのような味わい方を、わたしを含め、もっとできるようになったらいいなと思います。
もし、本書の紹介をとおして「自分も食品科学に興味をもつようになった」という方がいらっしゃれば、これより喜ばしいことはありません。

わたしからの紹介はここまでとなります。本当にありがとうございました。また、なにかの機会にお会いできたらよいですね。

あとがき

社会的な生のテンポと個人的な生のテンポはかならずしも一致するものではありません。多くの場合、社会的な生のテンポに一致するように、個人的な生のテンポが駆り立てられているのが、現代社会という条件下での私たちの生の状況ではないかと思われます。

それゆえ、出汁を食品素材から丁寧にとることは、一般に難儀なことだと受け止められがちかと思います。少なくとも筆者は難儀なことだと感じていました。

その筆者が、出汁を日常的にとりはじめたのは、予期しないかたちで、時間的な余裕（というより空白）が生じてしまったからです。時間的な余裕が生じなければ、相変わらず、出汁をとっていなかったでしょうし、本書が誕生することもなかったでしょう。

本書で提示した３つの課題は、筆者が出汁を日常的にとっている最中に、気付いたことや気にしていたことを基にしています。とりあえず課題を立てて生活をしていると、自然（じねん）、出汁への興味・関心が高まり、程なくして資料を収集し、理論を構築し、課題に応えている自分がいました。

課題に応えること自体は然程困難なことではありませんでした。むしろ、成果をどういった形で外に出すかということに、９割程度、力を振り向けました。できるかぎり、科学的な内容として親しみやすく、読み物として面白くなるようにしたかったのです。それは、世の中へ学術的な成果物を何らかの形で還元したいという「食品科学者（Food Scientist）」としての矜持でもありました。

筆者の意図が十分に達成されたかは、わかりません。畢竟、難解にして不興との評を頂くとしたら、それは筆者の不徳の致すところです。もし、平易にして感興との評を頂くとしたら、筆者にとってまさに僥倖です。

末文となりましたが、本書の執筆に際し、支援・応援をしてくださった方々に、この場をもって、厚く御礼申し上げます。また、本書の出版にたずさわった全ての関係者の皆様に、厚く御礼申し上げます。皆様の御尽力のお陰で、筆者の「書きもの」が「書物」として世の中に出ることになりました。

平成28年2月

「My Kenon Tyu-gen のサイト」管理者　Tyu-gen

Tyu-gen（ちゅうげん）

1986年生まれ。京都大学農学部食品生物科学科卒業、同大学大学院農学研究科食品生物科学専攻修士課程修了。専門は食品科学。「My Kenon Tyu-genのサイト」（http://www.tyu-gen.org/）は、著者が、折に触れて、社会的・哲学的な内容の記事やイラスト等の作品を掲載し続けてきた、趣味的な私設サイト。

カツオ出汁を食品科学的においしくするための研究
—カツオ出汁の酸味に着目して—

2016年2月18日　初版発行

著　者　Tyu-gen
発行者　中 田 典 昭
発行所　東京図書出版
発売元　株式会社 リフレ出版
〒113-0021　東京都文京区本駒込 3-10-4
電話（03）3823-9171　FAX 0120-41-8080
印　刷　株式会社 ブレイン

ISBN978-4-86223-929-7 C3043
Printed in Japan 2016

ご意見、ご感想をお寄せ下さい。

［宛先］〒113-0021　東京都文京区本駒込 3-10-4
東京図書出版